高等院校"十四五"应用型艺术设计教育系列规划教材

# Rhino 产品建模及首饰案例解析

主　编　张贤富　胡玉平　贠　禄

副主编　李　鹏　颜克春　张文韬

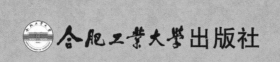

合肥工业大学出版社

**图书在版编目(CIP)数据**

Rhino 产品建模及首饰案例解析/张贤富,胡玉平,负禄主编. —合肥:合肥工业大学出版社,2024.7.

ISBN 978 - 7 - 5650 - 6857 - 7

Ⅰ. TS934.3 - 39

中国国家版本馆 CIP 数据核字第 2024JP0611 号

# Rhino 产品建模及首饰案例解析

| 张贤富 胡玉平 负 禄 主编 | | 责任编辑 张 慧 |
|---|---|---|
| 出 版 | 合肥工业大学出版社 | 版 次 | 2024 年 7 月第 1 版 |
| 地 址 | 合肥市屯溪路 193 号 | 印 次 | 2024 年 7 月第 1 次印刷 |
| 邮 编 | 230009 | 开 本 | 889 毫米×1194 毫米 1/16 |
| 电 话 | 人文社科出版中心:0551 - 62903205 | 印 张 | 12.5 |
| | 营销与储运管理中心:0551 - 62903198 | 字 数 | 235 千字 |
| 网 址 | press. hfut. edu. cn | 印 刷 | 安徽联众印刷有限公司 |
| E-mail | hfutpress@163. com | 发 行 | 全国新华书店 |

ISBN 978 - 7 - 5650 - 6857 - 7                                定价:68.00 元

如果有影响阅读的印装质量问题,请与出版社营销与储运管理中心联系调换。

# 前言

Rhino 是一款专业的 3D 建模软件，具有操作简便、容易上手、功能强大的特点。其强大的 NURBS 曲线建模方式，在产品设计、工业设计中广泛使用。但是现在市面上的教材的编写方式有很多不如意的地方，如：

1. 对 Rhino 命令采取"说明书"式的介绍，没有重点

现在市面上的教材，对软件命令的介绍多采取"完全的命令介绍＋例题讲解"的方式进行列举，但是这种"说明书"式的呈现方式，很难让初学者对命令一一掌握，甚至对软件学习产生恐惧感。

2. 重视建模步骤的堆积，忽略学生自己思维的培养

市面上教材在讲解实例时，大多重视对建模步骤的详细描述，这使学生按照书上的步骤能轻易完成模型的创建，不用自己思考。这就忽略了对学生思维的培养，如果换一个模型，学生还是不知道如何下手。

要知道我们不是做软件开发，很多命令可能一辈子也不会用到，没有必要将所有的命令一股脑儿全部掌握，我们只需运用相关命令实现自己的设计创意即可。如何快速、轻松地进入学习状态，最高效率地完成软件的学习，是我们教材编写亟待解决的问题。

本书正是基于这些问题进行编写，主要有如下几个方面的特点：

1. 以传统文化案例为载体，进行中华民族优秀文化的传播和推广

由于本教材是技能传授，在方法和技能等层面没有办法体现中国文化和思想，但我们在案例选择时则可以做到。具体而言，本书的案例分为产品和首饰两个类型，在产品的选择上，多以国内优秀产品为例，比如九阳豆浆机、广州市奥宇电子科技有限公司的冰箱除臭器等。首饰案例则全部是中国传统经典首饰，将中国传统文化运用于教学中。这些案例要么寓意体现传统思想，如时来运转（戒）；要么工艺造型体现传统文化，如反带（挂饰）；要么是文化元素符号来自中国传统文化，如鹅形（吊坠）、天鹅爱心（吊坠）、孔雀（项链）、荷花（挂件）、鱼形（吊坠）、凤凰（吊坠）、花鸟（戒），这些元素、文化意象都是中华民族文化的精髓，需要继

承、创新、发扬光大。

2. 注重模型分析，实现教材"工具书"化

教材中所有的综合实例在建模前，都对模型进行了详细的剖析，让学生对模型的建模思路、方法和所涉及的命令有一个完整的认知，建立一个属于自己的建模思维。因此，学生不需要完全按照教材步骤，就能独自完成模型的创建。如果学生在某个步骤存在疑问，可以查看教材，实现教材"工具书"化。

3. 重难点清晰，知识点明了

教材每一章节的开始，都将本章的重难点和涉及知识点清楚地表述出来，让学生明白通过本章学习所能获得的具体知识。

4. 讲解详细，实例丰富

教材中对每个具体的命令不但有使用方法和步骤介绍，而且有针对该知识点的实例演示。

5. 层次分明，结构清楚

教材在介绍知识点时，主要分成理解与掌握、操作演示、实例演示、点拨与技巧四个层面。

① 理解与掌握：详细讲解每个基础知识点。

② 操作演示：讲解 Rhino 命令的使用方法和使用步骤。

③ 实例演示：针对该知识点进行实例讲解，让学生能更好地理解和掌握。这一部分内容主要是给老师在上课讲解时用，所以在步骤方面不会太详细，既有利于老师讲解，也便于学生课堂练习。

④ 点拨与技巧：对知识点的注意事项、运用技巧进行补充说明。

本教材的具体结构分布如下：

第 1 章是初识 Rhino8.0，对软件特点和使用范围进行宏观的介绍。

第 2 章是 Rhino8.0 工作界面设置，讲解软件界面分布、工作界面设置等。

第 3 章是基础命令与基本操作，讲述模型的具体操作和编辑。

第 4 章是线的生成、编辑与优化，讲述如何得到满意的曲线。

第 5 章是面的生成与编辑，讲解各种曲面的生成方式和相应的命令操作，并通过案例对这些命令进行分解、说明和演示。

第 6 章是体的创建与编辑，讲述如何灵活运用命令编辑与创建各种体。

第 7 章是产品综合实例 level 1，包括 2 个初级综合实例，以此全面复习、巩固所学的基础知识。

第 8 章是产品综合实例 level 2，包括 4 个中高级综合实例，强化学生对 Rhino 知识的综合运用能力。

第 9 章是首饰综合实例 level 1，包括 5 个初级首饰的模型创建，能帮助学生全面掌握首饰模型的创建基础和要领。

第 10 章是首饰综合实例 level 2，包括 5 个中高级首饰综合实例，难度较大，可以让学生更好地掌握首饰建模中许多不规则形体创建方法，提高学生的综合运用能力。

第 11 章是 Keyshot 渲染，以果汁机和花鸟戒为例，详细讲解 Keyshot 的渲染操作和步骤，以及渲染效果的调节。

**第 1 章　初识 Rhino8.0** ……………………………………………… (001)

　　1.1　Rhino8.0 简述 …………………………………………… (001)

　　1.2　Rhino8.0 的特点 ………………………………………… (001)

**第 2 章　Rhino8.0 工作界面设置** ……………………………… (003)

　　2.1　Rhino8.0 模板选择 ……………………………………… (003)

　　2.2　个性化界面设置 ………………………………………… (004)

　　2.3　工具列编辑与中键组织 ………………………………… (008)

**第 3 章　基础命令与基本操作** ………………………………… (010)

　　3.1　界面认识 ………………………………………………… (010)

　　3.2　命令栏的使用方法 ……………………………………… (012)

　　3.3　标准工具栏基本命令 …………………………………… (013)

　　3.4　鼠标右键的三功能 ……………………………………… (018)

　　3.5　基本操作 ………………………………………………… (019)

　　3.6　变形工具 ………………………………………………… (022)

**第 4 章　线的生成、编辑与优化** ……………………………… (026)

　　4.1　曲线关键要素及优化 …………………………………… (026)

　　4.2　标准曲线的绘制 ………………………………………… (029)

　　4.3　自由曲线的绘制 ………………………………………… (033)

　　4.4　从对象上生成曲线 ……………………………………… (034)

　　4.5　曲线的初步编辑 ………………………………………… (036)

**第 5 章　面的生成与编辑** ……………………………………… (039)

　　5.1　简单曲面绘制 …………………………………………… (040)

　　5.2　通过边界建面 …………………………………………… (040)

5.3　通过断面线建面 ······························································ (044)

5.4　通过轨道和断面线建面 ················································ (053)

5.5　曲面的编辑 ········································································ (061)

5.6　曲面连续性分析 ································································ (068)

## 第 6 章　体的创建与编辑 ······················································ (070)

6.1　体的创建 ············································································ (070)

6.2　体的编辑 ············································································ (072)

## 第 7 章　产品综合实例 level 1 ············································ (074)

7.1　电熨刷 ················································································ (074)

7.2　冰箱臭氧除臭器 ································································ (086)

## 第 8 章　产品综合实例 level 2 ············································ (097)

8.1　电吹风 ················································································ (097)

8.2　果汁机 ················································································ (108)

8.3　电熨斗 ················································································ (123)

8.4　剃须刀 ················································································ (134)

## 第 9 章　首饰综合实例 level 1 ············································ (142)

9.1　时来运转戒 ········································································ (142)

9.2　反带挂饰 ············································································ (144)

9.3　水滴吊坠 ············································································ (146)

9.4　凤凰吊坠 ············································································ (149)

9.5　花鸟戒 ················································································ (154)

## 第 10 章　首饰综合实例 level 2 ·········································· (160)

10.1　鹅形吊坠 ·········································································· (160)

10.2　天鹅爱心吊坠 ·································································· (166)

10.3　孔雀项链 ·········································································· (170)

10.4　荷花挂件 ·········································································· (176)

10.5　鱼形吊坠 ·········································································· (181)

## 第 11 章　Keyshot 渲染 ························································ (186)

11.1　Keyshot 渲染器 ······························································ (186)

11.2　果汁机渲染 ······································································ (186)

11.3　首饰渲染 ·········································································· (190)

## 后　记 ······················································································ (193)

# 1

## 第 1 章　初识 Rhino8.0

Rhino 以其曲面优秀、插件多样、功能强大、方法灵活的特点，被广泛应用于三维动画制作、工业制造、机械设计、科学研究等领域。其人性化的界面，形象、易理解的图标，也让初学者能轻松入门。

本章通过对 Rhino8.0 的介绍，让读者了解软件的特点、优势、使用范围、插件族群和发展前景等，并学习软件安装，以此开启魅力无限的 Rhino 世界。

### 本章重难点

1. Rhino 的特点
2. Rhino 的插件

### 涉及知识点

软件初识；软件的特点

## 1.1　Rhino8.0 简述

### 1.1.1　软件初识

Rhino 全名为 Rhinoceros，中文称犀牛，是美

国 Robert McNeel & Associates 公司开发的专业 3D 造型软件。它采用的 NURBS（Non-Uniform Rational B-Spline）建模方式比网格建模更优秀，同时拥有大量插件。其发展理念是以 Rhino 为系统，不断开发各种行业的专业插件、渲染插件、动画插件、模型参数及限制修改插件等，使之不断完善，发展成一个通用型的设计软件。

### 1.1.2　应用介绍

Rhino 的图形精度高，所绘制的模型能直接通过各种数控机器加工制造出来，如今已被广泛应用于三维动画制作、工业制造、机械设计、科学研究等领域。

Rhino 引入 Flamingo、BMRT、Vray 等渲染器，其图像的真实品质已非常接近高端的渲染器之效果，并以其人性化的操作流程让设计人员爱不释手。学习 Rhino 也能为学习 Solidwroks 及 Alias 等软件打下良好的基础。

总之，Rhino 是三维建模高手必须掌握的、具有特殊实用价值的高级建模软件。

## 1.2　Rhino8.0 的特点

自从 Rhino 推出以来，无数的 3D 专业制作人员及爱好者都被其强大的建模功能深深迷住。

### 1.2.1 小巧精致，经济实惠

**1. 软件小**

不像其他三维软件那样有着庞大的身躯，Rhino8.0 全部安装完毕还不到 600 兆。"麻雀虽小，五脏俱全"，在这个软件上得到深刻的体现。

**2. 配置低**

它是一个"平民化"的高端三维软件，不需要搭配价格昂贵的高档显卡和其他高级的硬件配置就能流畅地使用，甚至只需一块 ISA 显卡即可运行起来。

**3. 经济实惠**

Rhino 中所运用的自由造型 3D 建模工具，以往在二十至五十倍价格的同类型软件中才能找到，而现在廉价的 Rhino 让人们不用花费太多金钱就能享受这些工具带来的便利。同时 Rhino 的建模精度也完全符合设计、快速成型、工程分析和制造等。

### 1.2.2 界面合理，易学易用

**1. 界面设计合理，命令堆积规范**

Rhino 中的命令图标设计人性化、分块合理，如线的创建、线的编辑，面的创建、面的编辑，体的创建、体的编辑，基本操作等，这些命令群集在最大程度上减小了学习软件的难度。

**2. 图标设计形象，方便理解**

Rhino 命令的图标设计，其语义表达形象，甚至可以只看图标不看文字提示，就能知道命令表达的含义，这就减轻了初学者的学习负担。

**3. 生动的自学提示**

Rhino 所有命令都有自学提示，通过自学提示的动感演示，可以让读者轻松掌握软件命令的含义和用法，有助于读者的自学。

### 1.2.3 方法灵活，曲面优秀

Rhino 运用高质量、平滑的 NURBS 曲线建模，还提供了多达二十种曲面生成方法，这些方法操作简单、使用灵活，适用于多种复杂曲面的创建。

Rhino 不但提供了各种功能强大的 NURBS 编辑工具，能够对曲线、曲面、实体进行编辑，还允许对曲线、曲面或实体进行加、减、交集等布尔运算，最大限度地方便建模。

### 1.2.4 格式丰富，兼容性好

Rhino 能输入和输出几十种文件格式，包括 obj、DXF、IGES、STL、3dm 等，且兼容设计、制图、CAM、工程、分析、着色、动画以及插画等软件，完美地诠释了 Rhino 的兼容性。

### 1.2.5 插件多样，功能强大

Rhino 配备有多种行业的专业插件，非常适合从事多行业设计和有意转行的设计人士使用。

建模插件：多边形插件 T-spline；珠宝首饰插件 TechGems，零犀 JFR，RhinoGold，Rhinojewel，Matrix for Rhino；建筑插件 EasySite；鞋业插件 RhinoShoe；牙科插件 DentalShaper for Rhino；摄影量测插件 Rhinophoto；逆向工程插件 RhinoResurf 等。

渲染插件：Rhino 配备有多种渲染插件，弥补了自身在渲染方面的缺陷，从而制作出逼真的效果图，如 Vray for Rhino、Flamingo、KeyShot、Penguin（企鹅）、Brazil（巴西）等。

除了本身强大的建模能力外，强大的插件群是 Rhino 能够得到各行各业青睐的重要原因。这些插件丰富了 Rhino 的技能，增强了 Rhino 的通用性。

# 2

## 第 2 章　Rhino8.0 工作界面设置

本章主要通过对软件界面的介绍，让读者了解整个界面的命令分布情况，掌握如何优化操作窗口。Rhino 的工作界面设置相当个性化，读者可以根据自己的爱好，设置自己喜欢的个性化界面，提高界面友好度和工作效率。

**本章重难点**

1. 个性化界面的设置
2. 绝对公差的理解和运用
3. 作业背景颜色的设置

**涉及知识点**

Rhino8.0 模板选择；个性化界面的设置；作业背景颜色的设置；物体正反两面色彩的设置与运用；绝对公差的理解和运用；工具列编辑与中建 popup 的组织；网格；文件属性

## 2.1　Rhino8.0 模板选择

打开软件，会弹出一个对话框，包括三个选项：打开文件、最新的文件、打开文件。

### 2.1.1　打开文件

"打开文件"可以选择需要进行操作的文件模板。Rhino8.0 提供了"大物件"和"小物件"这两种模板文件，它们的区别主要在于"绝对公差"的设置不一样，并且每一种模板后面都分析了模板的使用范围，如"大模型—毫米"这个模板适用于"建立比卡车大，精度要求中等的模型"，所以，我们在选择模板的时候，要根据自己的需要选择恰当的模板。在单位选择方面，通常选用设计中最常用的计量单位"毫米"。综上，在模型创建时，我们通常选用的模板就是"大模型—毫米"或者"小模型—毫米"，如图 2-1-1 所示。

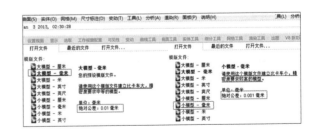

图 2-1-1

### 2.1.2　最近的文件

"最近的文件"是软件列举的最近使用文件，方便进行快速选择。软件默认记住最近使用的 8 个文件，如图 2-1-2 所示。

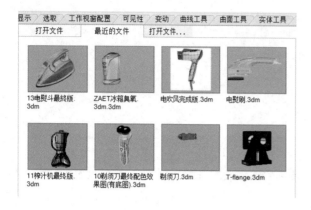

图 2-1-2

## 2.2 个性化界面设置

Rhino 的个性化界面设置主要是为了满足读者在作图过程中的某些个性化需要。在我们平常运用中，个性化界面设置主要包括"文件属性"设置和"Rhino 选项"两种，其他的设置选项一般不需要进行调节，执行软件的默认值就可以了。选择菜单 Tool＞Option，或者直接单击图标 ⚙ （Option 选项），如图 2-2-1 所示。

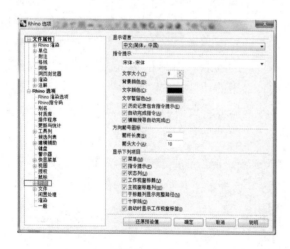

图 2-2-1

### 2.2.1 文件属性

#### 1. 文件属性

文件属性主要讲解单位、格线、网格、注解几部分，其他设置保持 Rhino 的默认值就可以了，作图中一般不去修改。

#### 2. 单位

单位设置中有几个调节要注意，一是模型单位，一是绝对公差，如图 2-2-2 所示。

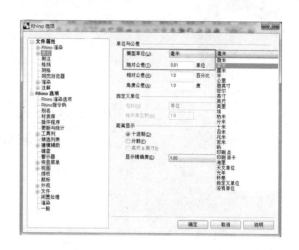

图 2-2-2

#### 3. 模型单位

模型单位是用来设置模型本身的单位，在选择时应根据模型的实际尺寸需要进行选择，实际尺寸较大可以选择较大的单位，反之就选择较小的单位。这和启动软件时弹出的预设模板是一致的，如图 2-2-3 所示。

图 2-2-3

#### 4. 绝对公差

绝对公差是指模型允许出现的最大误差。理论上而言，绝对公差越小，模型越精细，但这会给我们建模的精确性提出更高的要求；公差值越大，出错的可能性就会越大，所以我们要根据自己的需要设置适当的绝对公差值。软件默认的绝对公差是 0.01（也就是一个网格距离的 1%），在大多数情况下可以满足需要。

■ 点拨与技巧

默认绝对公差 0.01 也可以这样理解：如果两个点的距离在 0.01 距离内，软件就会默认为它们处于同一个位置。这在 🔧【曲面合并】中有具体的运用。

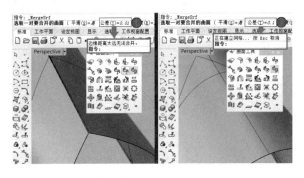【Merge 曲面合并】：如图 2-2-4 所示，在绝对公差为 0.01 时，执行命令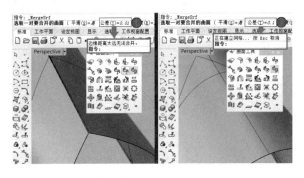【曲面合并】。如果 Rhino 提示为"距离太远不能合并"①，这时我们可以将绝对公差改为 0.1，再执行该命令，合并操作就可以完成②。

图 2-2-4

　　5. 相对公差

　　"相对公差"和"角度公差"在作图中的操作性不是很强，我们都只用默认设置就可以了。

　　6. 格线

　　格线是 Rhino 作图区域中横竖交叉的辅助线，作图时，这些格线对作图的位置和尺寸具有参考作用。

　　在"格线"设置中，主要有"格线属性"和"格点锁定"两个选项，其中"子格线"每格的单位长度既可以是毫米也可以是厘米，这与我们在新建档案时候的单位选择是一致的。当我们选择毫米时，无论我们的模型是大模型还是小模型，其子格线（每一最小格的间距）都是 1 毫米，以此类推，如图 2-2-5 所示。

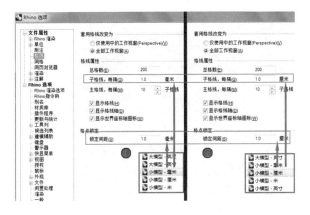

图 2-2-5

　　Rhino 的每一个视图的总格数默认都是 200，这也就是说，如果我们选择毫米作为文件单位的

　　话，则整个界面的尺寸就是 200 毫米×1 毫米，具体关系如图 2-2-6 所示。

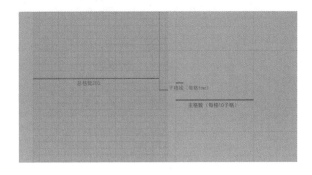

图 2-2-6

　　7. 网格

　　"网格"设置决定 Rhino 模型的显示精度，在 Rhino8.0 中，软件默认以"简易设置"的形式出现，如图 2-2-7 左图，包括粗糙、平滑和自订三种。

图 2-2-7

　　"简易设置"包括三个选项：粗糙 & 较快、光滑 & 较慢和自定义。系统默认的是"粗糙 & 较快"，在这种设置下，模型显示较为粗糙，但是软件占用系统资源较少，程序运行流畅，这很好地照顾到了电脑配置，也体现了 Rhino 软件的经济性。

　　"光滑 & 较慢"这个设置就对电脑硬件要求相对较高，但是这样设置下的模型比较光滑，曲线、曲面的视觉效果较好。

　　"自定义"是对精度有特殊要求的情况下才调节，一般情况下选择系统默认的"粗糙 & 较快"就能满足基本应用了。"光滑 & 较慢"这个设置，基本上兼顾了模型视觉效果和程序运行速度，很少有人会去调节"自定义"这个设置。

　　改变网格设置，只改变模型的显示精度，不会影响模型的实际精度，如图 2-2-8 所示，在

"粗糙 & 较快"和"光滑 & 较慢"两种网格设置下，右图的显示精度就比左图高很多。

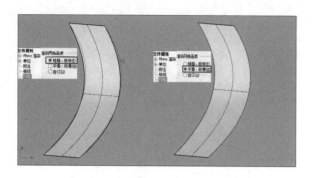

图 2-2-8

### 2.2.2 Rhino 选项

在 Rhino 选项中，用户经常修改的是"外观"和"视图"这两个设置。"外观"设置中最常用的调节是"显示语言"；而"视图"设置中最常用的调节是"显示模式"。

1. 外观

显示语言："Appearance 外观"设置中，下拉"显示语言"列表，选择已经安装的语言来切换，重启软件后就可以运用了，如图 2-2-9 所示。

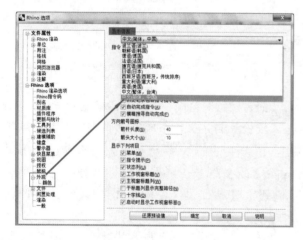

图 2-2-9

颜色：Appearance 外观 > 颜色，这个设置可以修改工作视窗、格线、坐标轴的颜色，这些设置不影响作图，用户可以修改成自己喜欢的界面颜色，如图 2-2-10 所示。

2. 显示模式

Rhino 选项 > 视图 > 显示模式（在有的版本中，显示模式放在"Rhino 选项 > 外观 > 高级设置"下）。

图 2-2-10

显示模式有很多类型，这里主要讲解我们经常需要调节的"线框模式"和"着色模式"，其他几种显示模式保持默认就可以了。

线框模式 > 设置作业背景颜色：Rhino 默认的背景颜色都是单色，这不能满足用户个性化的需求，用户可以通过 Rhino 选项 > 视图 > 显示模式 > 线框模式 > 工作视窗设置来更改作业区域的背景颜色。如图 2-2-11 所示，我们可以选择"双色渐层"，将窗口设置成从灰色到蓝色的渐变颜色。

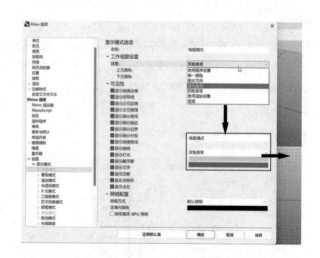

图 2-2-11

线框模式 > 设置曲面边缘的宽度：Rhino 选项 > 线框模式 > 曲面边缘设置 > 边缘线宽，设置曲面边缘的宽度，默认为"1"，根据自己的需要可以调整为任意数字，一般"2"就足够了。

着色模式：物体正反两面色彩设置。在"着色模式"设置中，Rhino 默认曲面正反两面的颜色是相同，可通过选择"全部背面使用单一颜色"，再设置单一的物件颜色①、单一的背面颜色②来将曲面的正反两面区分开来，如图 2-2-12 所示。

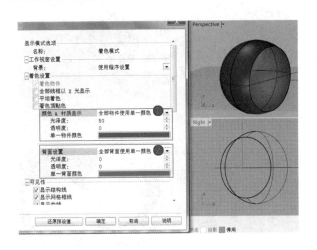

图 2-2-12

■ **点拨与技巧**

[1] 正反面颜色不同的运用。

在渲染 Rhino 模型时，经常会出现材质渲染不出来，或者即使渲染出来了，但某些部件的表面是一团漆黑，看不见任何材质的情况。这种情况很多时候是由于这个部件的法线反向，曲面正反面倒置引起的。Rhino 默认的曲面正反面颜色一致，这就容易分不清曲面的正反面。

常规的做法是选择"全部背面使用单一颜色"，将背面设置为非物件色（如红色），使曲面正反面颜色不一致，当出现正反面倒置的曲面，执行命令 ▭【反转方向】即可，如图 2-2-13 所示。

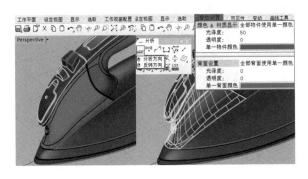

图 2-2-13

[2] 界面背景色的设置和运用。

在 Rhino 的界面中，每个界面的显示模式都可以在线框模式、着色模式、渲染模式、半透明模式中自由切换，我们常将顶、前、右三个平面

视窗设置为线框模式，而将透视视窗设置为着色模式。

"线框模式"和"着色模式"都有独立的背景色彩设置项。"线框模式"调节直接控制线框视图的背景色；"着色模式"调节直接控制着色视图的背景色（通常为透视图），如图 2-2-14 所示。读者可以尝试将透视图的显示模式改为线框模式，看看其背景颜色会发生什么变化。

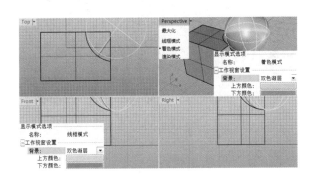

图 2-2-14

[3] 两种模式中的"线宽"调节及对比。

在"线框模式"和"着色模式"中，经常会用到的是对"线宽"的修改，软件默认的是 2 个单位。有些用户喜欢轮廓线更明显一些，可以将其修改为 3 或者 4，如图 2-2-15 所示。这里同样要注意的是对"线框模式"和"着色模式"里面的边缘线宽的修改，只限制各自模式下线宽显示的变化，并不会修改模型本身的边缘线宽，更不会影响渲染出图。

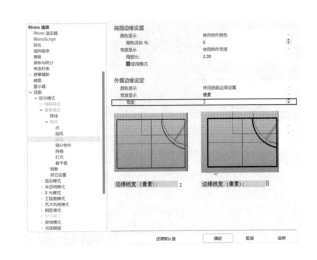

图 2-2-15

[4] 结构线宽度。

打开：线框模式 \ 着色模式＞物件＞曲线＞

曲线结构线设置＞结构线宽度。"结构线线宽"可以理解为结构线的粗细。在建模时，有的用户不喜欢繁杂的结构线，可将其设置为"0"，则不显示结构线，达到视觉简化的目的，如图2－2－16所示。

类似于线描，如图2－2－19右图所示。

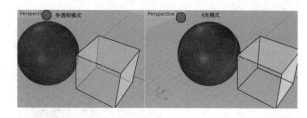

图 2－2－18

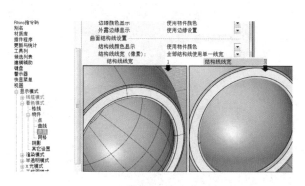

图 2－2－16

### 3. 其他模式

其他几种显示模式，平常我们作图用得较少，或者很少用到，所以在此就只做粗略讲解。

渲染模式：渲染模式类似于有些软件的实时渲染功能（如 Keyshot），也可以说是具备材质和灯光的着色模式，具体操作是用鼠标点击 ◉ 按钮，如图2－2－17所示。

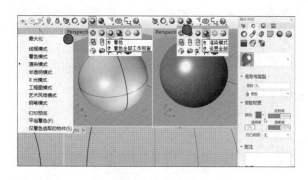

图 2－2－17

半透明模式：以半透明着色曲面，这种显示模式能让用户看见模型的背面，方便用户在建模过程中对模型的观察和操作，但模型前面和背面的显示清晰度是有区别的，如图2－2－18所示。

X 光模式：着色物体，但前方的物件完全不会阻挡后面的物件，这种模式介于着色模式和半透明模式之间，既具备透视效果，又具备着色效果，如图2－2－18所示。

工程图模式：以工程图的方式显示模型，如图2－2－19左图所示。

艺术风格模式：以艺术手绘效果显示模型，

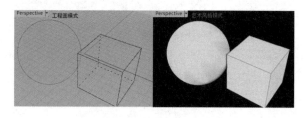

图 2－2－19

钢笔模式：以钢笔画的方式显示模型，如图2－2－20所示。

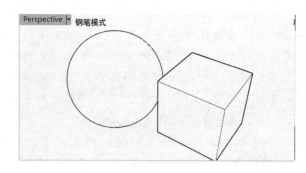

图 2－2－20

## 2.3 工具列编辑与中键组织

### 2.3.1 编辑工具列

如果不小心将某些命令删掉，可以通过如下方法将其找出来。在以前的版本中，可以有多种方法将命令找出来，但是在 Rhino8.0 以后就将其他一些方法给省去了，现在一般常用的方法是：单击 Rhino 界面右边的齿轮①，在弹出的对话框中选择"显示工具列"②，然后就会显示"default"，即：所有的工具列表全部呈现，然后将弄丢的命令栏前面打上√③，则命令就会在面板上呈现④，并将其拖动到常用的位置，如图2－3－1所示。

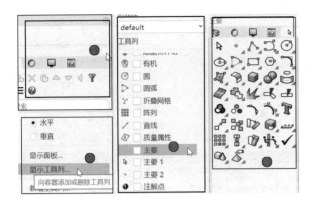

图 2-3-1

### 2.3.2　中键 popup 的组织与安排

Rhino 的命令很多，即使对软件相当熟练，在选取命令时来回移动鼠标，也会浪费很多时间，所以软件设置了个性化的"popup 中键"，用户可以将自己常用的命令组织在"popup 中键"中，轻松制定属于自己的常用工具模块，提高效率。

这里新手很容易出错，如图 2-3-2 所示，在单击 popup 中键的时候弹出对话框①，可是当鼠标点击其他地方的时候，这个对话框会消失。具体的处理办法是：点击 popup 中键，将鼠标移动到对话框上部的灰色部分点击并拖动，就变成②的对话框模式，接下来就可以进行编辑操作了。

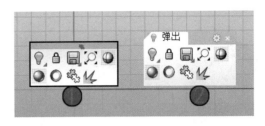

图 2-3-2

具体操作为：移动复制、移动删除。

移动复制——按住 Ctrl 键，同时用鼠标左键拖动工具栏中的命令按钮到 popup 工具栏中。

移动删除——按住 Shift 键，同时用鼠标左键拖动命令按钮到 popup 工具栏外即可实现删除。

位置移动——要改变 popup 工具栏中的命令按钮的位置，只需要同时按住 Shift 键，在 popup 工具栏内部拖动即可。

popup 工具栏的设置完全依据个人习惯，如果设置得好，能大大缩短鼠标来回移动的时间。笔者习惯于如图 2-3-3 的设置，将其分成"线生成与编辑""面的生成与编辑""体的工具"和其他一些常用的工具，将这些命令归类，使其有序排列，能提高效率。

图 2-3-3

# 3

## 第3章  基础命令与基本操作

本章主要讲解 Rhino 的基础命令操作，全面了解界面分布，以及命令行的使用方法；学习阵列、对齐、移动、旋转、缩放、变形工具等基本操作；熟练掌握"图层与属性""视图和背景图"的设置技巧和方法，并能进行简单的模型创建和变动操作。

态显示分成上、下、左、右、中部等五个部分，每个部分的命令都有自己的特点，了解其各自的特点有助于我们很好地理解和掌握这些命令，起到事半功倍的效果。

**本章重难点**

1. 命令行的使用
2. 背景图的放置和调节
3. 基本操作
4. 图层与属性

**涉及知识点**

界面认识；命令行的使用方法；标准工具栏基本命令；物件锁点；鼠标右键的三功能；基本操作；变形工具；![icon]【设定工作平面】；![icon]【隐藏和锁定】；![icon]【图层与属性】；![icon]【视图和背景图】；![icon]【阵列】

## 3.1  界面认识

Rhino 人性化的界面安排和组织在业界有口皆碑。如图 3-1-1 所示，Rhino 界面命令和工作状

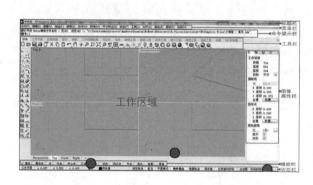

图 3-1-1

### 3.1.1  上边：标题栏、菜单栏、命令栏

1. 标题栏

标题栏位于界面最顶端，显示为"软件图标＋名字"，如没有命名则显示为"未命名"。

2. 菜单栏

菜单栏位于标题栏的下方，主要以文字的形式存在，包括几乎所有的 Rhino 命令，这些命令大致分成文件命令、作图命令、工具与面板显示控制，如图 3-1-2 所示。

"文件命令"中主要包括常规操作命令，如文件的打开、保存、导出导入、打印等，这和其他

图 3-1-2

软件是相通的。

"作图命令"则包括本软件几乎所有的核心命令，如线的绘制、线的修改，面的生成、面的修改，体的命令等有关模型创建的所有命令，只是这些命令是以子命令的形式体现，当下拉菜单命令后面带有三角形（▶）则表示该命令后还有子命令，如图3-1-3所示。

"工具"命令栏主要是陈列本软件常用的命令层集，通过这个命令栏可以打开或者关掉一些常用的命令，如图3-1-3所示。

"面板"这个命令栏主要是显示和作图有关的图层、物体属性、材质、灯光等辅助作图信息，如图3-1-3所示。

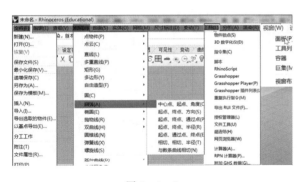

图 3-1-3

3. 命令提示栏

命令提示栏包括"指令""提示"和"选择"三个方面，当我们执行一个操作命令的时候，提示栏中就会告诉我们下一步应该做什么，如图3-1-4所示。

图 3-1-4

4. 命令快速选择

Rhino8.0界面中有一栏"命令快速选择"栏，当选中某一类命令，则相关操作命令就在左边和下边呈列出来，如图3-1-5所示，这给我们作图操作带来便利。

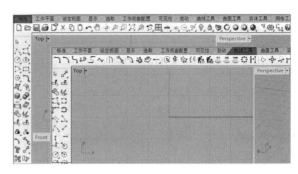

图 3-1-5

### 3.1.2 左边：标准工具列

1. 标准工具列

标准工具列呈列的是作图中最常用的命令，这在工具层集中表现为 main1 和 main2。命令虽多，但不是没有章法地排列，我们对其归类便可以很好掌握其规律。

2. 标准工具列分类

标准工具列可以分类为：对象的选取和点的生成、线的生成与编辑、面的生成与编辑、体的生成与编辑、点的打开与编辑、复制缩放等，如图3-1-6所示。

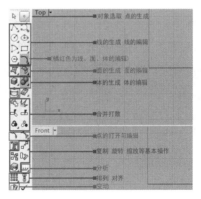

图 3-1-6

如果这些图标右下角有三角形（▶），则说明该命令还有子命令，如图3-1-7所示。

图 3-1-7

### 3.1.3　右边：辅助视窗

辅助视窗主要包括工作视窗信息、图层信息和模型显示信息，其具体的使用方法会在后面的内容中详细讲解，如图 3-1-8 所示。

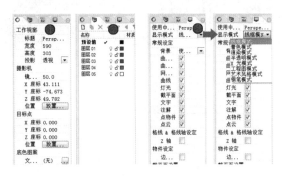

图 3-1-8

### 3.1.4　中间：作图操作区

要将某个视图全屏一般有两种方式：一种是双击视图左上角的视图名称（top\front\right\）；另外一种是在视图名的地方右击鼠标，在弹出的窗口中选择视图"最大化"选项即可，如图 3-1-9 所示。

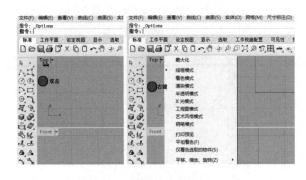

图 3-1-9

### 3.1.5　下边：状态信息栏

"物件锁点"在某些软件中叫"捕捉"，通过"物件锁点"可以精确作图。"物件锁点"包括：断点、最近点、点、中点、中性点、交点等。"状态信息显示栏"指此时此刻鼠标在操作窗口中的位置，如图 3-1-10 所示。

图 3-1-10

## 3.2　命令栏的使用方法

命令提示栏是学好 Rhino 的一个捷径，它告诉我们在进行一个命令操作后，下一步骤干什么，但是初学者往往会忽略这一点，没有看命令提示栏的习惯，下面我们来讲讲怎样用这个工具。

### 3.2.1　命令提示栏：指令和提示

"指令"和"提示"是命令提示栏最主要的功能，有助于初学者快速掌握命令，图 3-2-1 是"指令"和"提示"的使用方法，具体操作看下面详解。

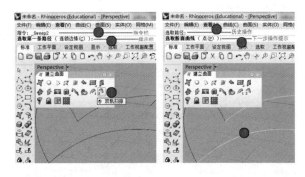

图 3-2-1

■ 操作演示："指令"和"提示"

［1］点击命令"双轨扫掠"，如图 3-2-1①。

［2］"指令"栏会出现命令 sweep2，如图 3-2-1②。

［3］提示栏出现下一步的操作提示：选取第一条路径，如图 3-2-1③。

［4］提示选取路径，如图 3-2-1④。

［5］提示栏继续下一步提示：选取断面曲线（点），完成操作，如图 3-2-1⑤。

［6］可以在指令栏观察上一步的历史指令，如图 3-2-1⑥。

### 3.2.2　命令提示栏：选择和修改

在执行命令的过程中，有一些命令选项，需要用户自己选择是否执行，如果不选，则执行默认值，如图 3-2-2 所示。当执行①"不等距边缘圆角"命令时，命令提示栏会提示用户："选取要建立圆角的边缘"并选择是否"显示半径"、是否"下一个半径是＝1（默认）"、是否"连锁边缘"，如图不选择，则 Rhino 就执行默认值"显示半径＝是，下一个半径＝1"。

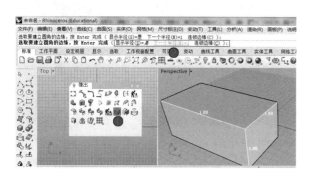

图 3-2-2

## 3.3 标准工具栏基本命令

标准工具栏命令是 Rhino 运用的操作基础，其中包括很多子命令，这里只介绍一些常用的，以减轻读者学习负担，便于入门。其他一些不常用的命令，在后面学习中遇到后再做详细讲解。标准工具栏的总体命令分解如图 3-3-1 所示。

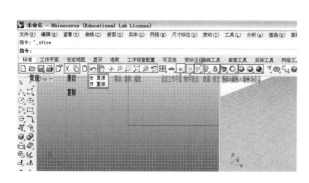

图 3-3-1

### 3.3.1 常规

常规命令和其他软件基本一致，是针对文件本身的，包括新建、打开、保存和打印等。

### 3.3.2 剪切、复制

这两个命令用以对文件中的某个对象进行操作，一般用快捷键 Ctrl＋X、Ctrl＋C 进行操作，并搭配粘贴 Ctrl＋V 进行操作。

### 3.3.3 复原、重做

学习"复原、重做"命令，要注意左右键的

区别，左键"复原"和返回（Ctrl＋Z）是同样的效果，而右键的"重做"则是再次执行刚才的命令。

### 3.3.4 移动、旋转和缩放

此处的移动、旋转和缩放，是针对操作区的视图的，对模型本身没有影响。这组命令我们常用右键来代替：在平面视图中点击并移动右键，是平移视图；在透视图中点击并移动右键则是旋转视图。对视图的缩放可以通过鼠标滚轮完成，也可以用 Shift 配合拖动右键来实现。

### 3.3.5 设定工作平面

工作平面是直接进行模型创建及编辑操作的平面，是一个无限延伸的平面，Rhino 中每个视窗都默认是一个工作平面，所有的工作都基于这个平面进行，预设的工作平面有 6 个：Top 顶、Bottom 底、Front 前、Back 后、Left 左、Right 右，再加上透视窗口，如图 3-3-2 所示。

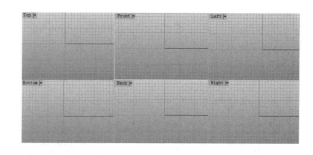

图 3-3-2

在 Rhino8.0 中，"设置工作平面"这个命令组是个庞大系统的命令组，包括 20 多个命令，如图 3-3-3 所示。

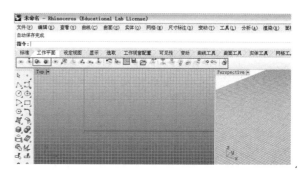

图 3-3-3

在实际工作中，我们用得最多的就是"设置工作平面至物体"和"设置工作平面至曲面"，这里用一个简单的例子阐述这个命令的用法，其他的命令不做详述。

■ 点拨与技巧：工作平面设定

[1] 如图3-3-4所示，建立一个斜面，执行命令 ⊙【设定工作平面至物体】①②。

[2] 根据命令提示栏提示："选取要定位工作平面的曲面"③，然后观察透视图，可以看见模型和视图的位置都发生了相应的变化（对比③和④），这时的工作平面就已经设置为斜面，可以在设定好的"工作平面"上进行相应的操作。

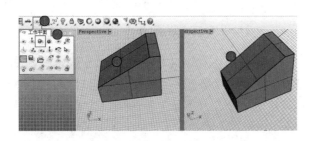

图3-3-4

[3] 在斜面上创建"圆形"，仔细观察每个视图，可以发现创建"圆形"的操作都是在斜面上完成的，特别留意Front视图，如图3-3-5所示。

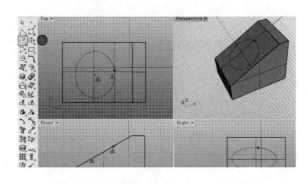

图3-3-5

[4] 执行命令 ⊙【挤出封闭的平面曲线】，可以看出，最终做出的圆柱体是垂直于斜面的，达到了我们的要求，如图3-3-6所示。

### 3.3.6 物件锁点

"物件锁点"在其他软件中也叫"捕捉"。Rhino中的"物件锁点"在"工具栏"和"窗口下方选项栏"两个地方都有呈现，它们在功能上是一样的，但是用法上有微小的区别：

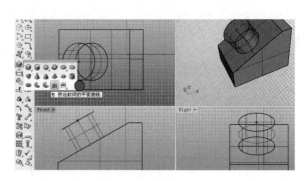

图3-3-6

工具栏中的"物件锁点"是以工具的形式出现，启动一次只能捕捉一次。

下方选项栏中的"物件锁点"是以选项的形式出现，因此勾选以后，该选项就一直开启，如图3-3-7所示。

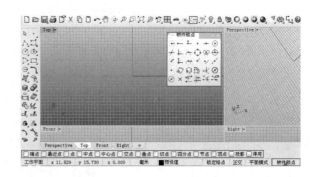

图3-3-7

■ 点拨与技巧

[1] 左右键的区别。左键单击锁点模式前的方框，则开启这个锁点模式，如果右键单击某个锁点模式前的方框，则会在开启这个锁点模式的同时关闭其他锁点模式。

[2] 开启和停止"物件锁点"。勾选【停用】选项将禁用所有的锁点模式，这和单击【物件锁点】的功用一样，如图3-3-8所示；如果用右键单击"停用"，则全选所有的锁点模式。

图3-3-8

### 3.3.7 选择

"选择"命令，能很方便选择一些点、线、面、体等元素，提高操作效率，如图3-3-9所示。

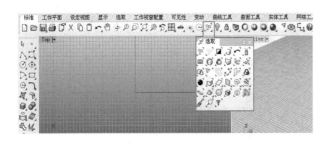

图 3 - 3 - 9

这里的选择命令很多，只简要介绍几种常用的。

【全部选择】：可以选择视图中的所有元素，其功用和 Ctrl＋A 键一样。

【反选选取集合】：选择"已选中元素"以外的其他全部元素。

【以图层选择】：按照元素所属图层进行选择，实现选中同一图层中的全部元素。

【选择曲线】：可以选择视图中所有曲线，包括单一曲线、复合曲线、直线等。

【选取面】：可以选择视图中的所有元素，其功用和 Ctrl＋A 键一样。

### 3.3.8　隐藏与锁定

在实际建模中，视图中的元素很多，繁杂的线、面等元素会给操作人员带来极大的不便，可以用此命令将其中一部分暂时不编辑的元素隐藏或锁定，达到简化窗口的目的，从而提高建模效率，如图 3 - 3 - 10 所示。这里只介绍 2 种最常用的命令。

图 3 - 3 - 10

【隐藏物件＼显示物件】：这个命令是最常用的，也是最简单的，就是将选中的元素隐藏。

【隐藏未选取的物件】：隐藏当前未被选中的所有元素，运用此选项，可以将正在编辑物件以外的部件全部隐藏，方便操作。

### 3.3.9　图层与属性

图层可以组织模型元素，方便建模操作。如果按照一定的原则将同一类型的元素放在同一个图层，可以通过关闭、锁定某个图层，或是改变图层的颜色、预设材质等，使面板更加清晰。

Rhino 标准工具栏中【编辑图层】和界面右边弹出对话框，都可以用来编辑图层命令，但是在工作中，我们直接在界面右边【图层】中编辑更加方便，如图 3 - 3 - 11 所示。

图 3 - 3 - 11

图层面板最重要的知识点有三个：

隐藏、锁定：单击【图层】对话框中的按钮，就可以实现关闭、锁定某个图层。

图层颜色预设：每个图层的颜色都有个默认颜色，同一个图层的所有面、线都显示这种颜色，如图 3 - 3 - 12 所示。

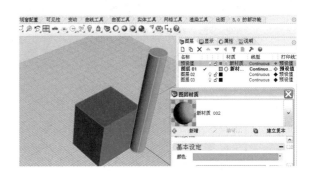

图 3 - 3 - 12

图层材质：如果模型部件赋予材质，则会在渲染中显示这种材质。单击【渲染】如图 3 - 3 - 13所示，虽然物件所在图层颜色是红色，但是我们对其设置的材质颜色是绿色，则在简单渲染中会显示材质颜色（绿色）。

■ 点拨与技巧：图层的赋予

在实际作图中，经常会遇到要将某一物件移动到另外一个图层，但是移动过去后却没有显示

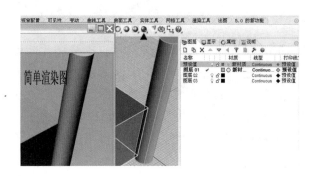

图 3-3-13

这个图层的相应属性，这时就要运用 ![icon]【将物件更改至目前图层】来实现。

如图 3-3-14 所示，在左图中，已将"圆柱体 A"移入"图层 02"中（通过 Ctrl X＋Ctrl V 实现），但是"圆柱体 A"并没有显示"图层 02"的红色，这时只需点击命令 ![icon]【将物件更改至目前图层】就可以实现，如图 3-3-14 右图。

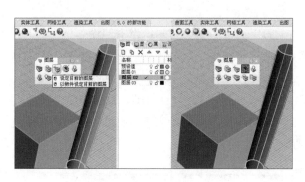

图 3-3-14

### 3.3.10　背景图设置

为了作图的精确性，Rhino 提供了导入参考图来进行辅助作图。这里要强调一点：导入背景的三视图必须是作图规范、精确的三视图，否则达不到精确作图的目的。具体操作为：单击某一视图标签（如 Front）①，在弹出的面板中选择【背景图 B】②，则会弹出背景图工具面板③，背景图调节面板中常用的命令有六个，分别为【放置（p）】【移除（R）】【隐藏（H）】【移动（M）】【对齐（A）】【缩放（C）】，如图 3-3-15所示。

#### ■ 操作演示

[1] 导入背景图：激活 Front 视图，单击【放置（p）】，选择需要放置的背景图，并调整到合适

图 3-3-15

的大小，如图 3-3-16 所示。

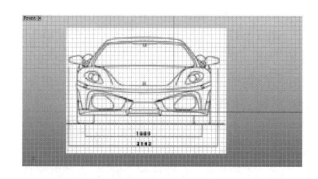

图 3-3-16

[2] 将视图放置在合适的位置：一般尽量将背景图放置在视图的中间，如图 3-3-17 所示，需要将视图的中心点①放置在视图坐标原点③。

具体操作：单击【移除（R）】，点击背景图的标志处①，并打开【锁定格点】命令②，移动鼠标并捕捉到坐标原点③，完成前视图放置，如图 3-3-17所示。

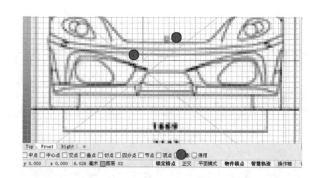

图 3-3-17

[3] 绘制参考线：以 Front 视图为基准视图，其他几个背景图的调节都以 Front 视图为基准，并以反光镜的最外沿为端点绘制参考直线段，如图 3-3-18所示。

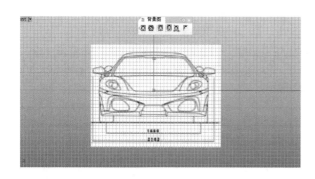

图 3-3-18

［4］在 Top 视图中导入参考图，并调节参考图到适当的位置，即 Top 视图中，参考图的反光镜和 Front 视图的反光镜对应。

具体操作：单击【移动（M）】，再点击背景图的反光镜①，打开物件锁点【端点】②，再移动鼠标捕捉到参考线的左端③，实现 Top 视图的反光镜和 Front 视图的反光镜的位置对应，如图3-3-19所示。

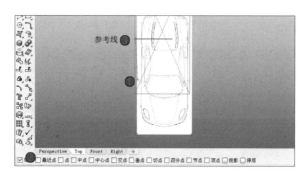

图 3-3-19

［5］调整 Top 视图中参考图的大小：观察两个视图，发现车的左边已经对齐（①②位置相同），但是 Top 视图中图片太大，需要将其缩小，如图3-2-20所示。

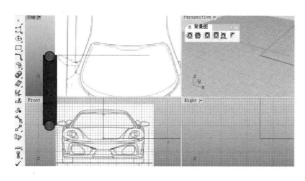

图 3-3-20

如图 3-2-21 所示，打开物件锁点【端点】，

单击【缩放（C）】，并捕捉到参考线的端点①，再按住 Shift 键（或者打开【正交】），水平点击车的右边反光镜的最外沿②，移动鼠标缩小图片，捕捉到参考线的右端点③，完成 Top 视图中参考图大小的调整，这时可以看到 Top 视图和 Front 视图中参考图正好对齐。

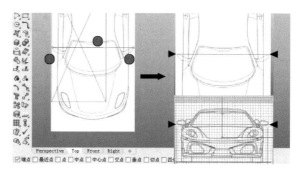

图 3-3-21

［6］Right 视图的调整：选用顶视图的竖直中线"A"作参考线，如图 3-2-22 所示。

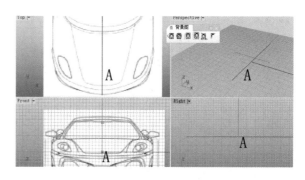

图 3-3-22

［7］导入并移动 Right 视图：单击【移动（M）】，点击 Right 视图的最左边①，打开物件锁点【端点】②，移动鼠标，并捕捉到参考线 A 的左端点③，完成前视图放置，如图 3-2-23 所示。

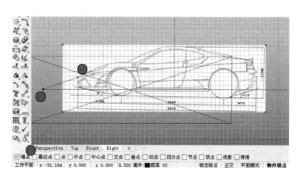

图 3-3-23

［8］缩放 Right 视图：观察左边对齐的 Right 视图，发现其大小不对应，需要进行缩放调整。

打开物件锁点【端点】①，单击【缩放（C）】，捕捉到参考线左端点②，按住 Shift，水平移动鼠标，点击车尾的最外沿点③，继续水平移动鼠标，并捕捉到参考线的右端点④（即以②为基点，将③缩放到④的位置），完成 Right 视图调整，如图 3-2-24 所示。

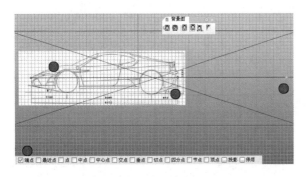

图 3-3-24

［9］观察三个视图，发现 Front 视图和 Top 视图位置和大小都正好，但 Right 视图与 Front 视图出现高度差，需要进行调整，如图 3-2-25 所示。

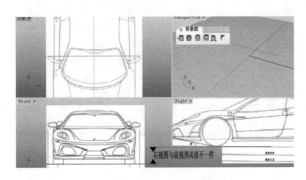

图 3-3-25

［10］Right 视图高度调整：先绘制辅助线，如图 3-2-26 所示，以 Front 视图的轮胎下沿为标准绘制参考线①，打开物件锁点【端点】②，捕捉参考线的右端点 A（③），并过点 A，在 Right 视图中绘制水平参考线④。

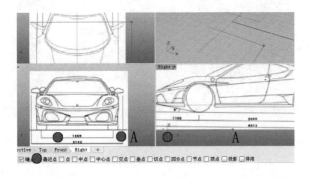

图 3-3-26

［11］打开物件锁点【最近点】①，单击【移动（M）】，点击 Right 视图车轮胎的最下沿点②，按住 Shift 键，移动鼠标竖直向下，并捕捉到参考线上③，完成 Right 视图的调整，如图 3-2-27 所示。

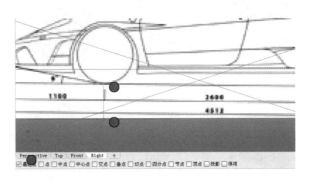

图 3-3-27

［12］参考线总结：如图 3-2-28 所示，整个过程绘制了四条参考线。第一条：在 Front 视图，以反光镜外沿绘制辅助线 B；第二条：在 Top 视图，车身中轴绘制辅助线 A；第三条：在 Front 视图，以轮胎下沿绘制辅助线；第四条：在 Right 视图，过辅助线 C 的端点，绘制水平辅助线 D。

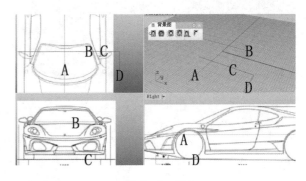

图 3-3-28

## 3.4 鼠标右键的三功能

在 Rhino 中，鼠标的操作非常灵活，其右键主要有三种功能：确定、再做、选择和移动界面。

确定：当完成某一命令后，单击右键就表示该操作完成，并结束该命令，此时相当于键盘的 Enter 键。

再做：重复执行最后一次命令，当一个命令结束后，需要重复执行刚才的命令，则可以单击右键实现，而不用再去选取命令。

选择和移动界面：右键在四个视图中的操作，表示不同的意思。在顶视图、前视图、右视图三个平面视图中，按住右键移动表示移动视图（不改变模型的大小、位置等具体属性）；而在透视图中，按住右键移动则是旋转之意，可以看清模型的各个侧面。

# 3.5 基本操作

Rhino 的基本操作是进行模型创建的基础，包括物体的选择移动与复制、组合与炸开、群组与解散群组、缩放、旋转与镜像、阵列、对齐等。

### 3.5.1 物体的选择

Rhino8.0 的选取命令很多，也很人性化，在 3.3.7 中已有初步了解，这里具体讲解几种常用的选取命令。

左键单击物体：表示选中该物体；在空白处单击右键，则表示取消选择。

加选、减选：按住 Shift 键，单击物体表示选择叠加；按住 Ctrl 键单击物体，则表示取消该物体的选择。

框选：按住左键从左向右框选，则只有整体全部位于框内的物件才能被选中；按住左键从右向左框选，只要物件的部分位于框内，则整个物件就被选中，如图 3-5-1 所示。

图 3-5-1

在重合的物件中选择需要的物件：用鼠标左键单击重合位置的物件，软件会弹出一个列表对话框，如图 3-5-2 所示，将鼠标指向某个选项时，对应的物件就会呈高亮显示，点击并选中需

要的物件。

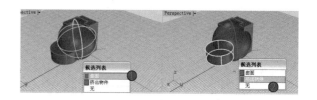

图 3-5-2

### 3.5.2 移动与复制

移动：移动一般包括物件的移动和控制点的移动两种。物件的移动比较简单，就是选中某物件并拖动，而控制点的移动则需要按 F10，将控制点调出来再拖动，如图 3-5-3 所示。

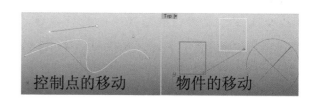

图 3-5-3

【复制】：一般都会选用 Ctrl＋C，配合粘贴 Ctrl＋V 一起用；也可以单击图标【复制】来实现，如图 3-5-4 所示。

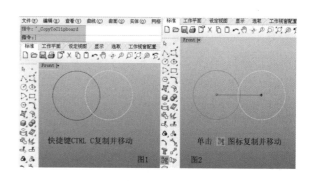

图 3-5-4

### 3.5.3 【组合与炸开】

组合：将两个或以上的没有封闭的曲线、曲面的端点或者边缘结合起来，成为一个整体。

炸开：将组合在一起的曲面或者曲线打散成单个的曲面或者曲线，如图 3-5-5 所示。

### 3.5.4 【群组与解散群组】

群组：将各个单体（点、线、面、体）群组

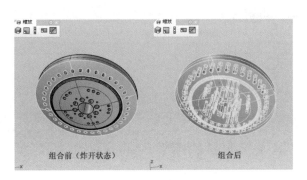

图 3-5-5

在一起，便于选择或者进行指令操作，但是群组在一起的各个单体的性质没有发生改变，仍然保持其单体属性，而🔧🔩【组合】后的各个单体就不存在了，是以一个复合体的整体属性出现。

"群组与解散群组"命令中包含这些🔵🔵🔵🔵🔵子命令，但是常用的就只有🔵🔵【群组与解散群组】这两个，其中命令🔵🔵【组合】可以用快捷键"Ctrl＋G"来实现，而命令🔵🔵【解散群组】则可以用快捷键"Ctrl＋Shift＋G"。

### 3.5.5 🔲🔲🔲🔲【缩放】

缩放是对物件本身的状态、位置和大小进行改变。

**1. 2D 缩放**

对于缩放命令，在使用这个命令的时候，物体大小的变化是围绕"缩放中心"进行的。如图3-5-6所示，将缩放中心设在①，则表示缩放前后①点这个位置不会发生变化，整个模型往①处靠拢。同理，将缩放中心置于其他地方也一样。

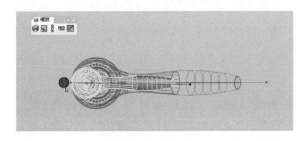

图 3-5-6

**2. 3D 缩放**

3D缩放在理解上也没有什么难点，首先要确定缩放的基点，然后根据命令提示栏的提示，进行第一参考点和第二参考点的设定，如图3-5-7所示。

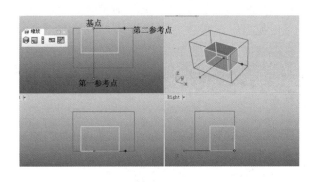

图 3-5-7

注意：在操作过程中要结合物件锁点、正交等约束来使用，从而实现三个轴向的精确缩放。

### 3.5.6 旋转与镜像

**1. 2D 旋转和平面内镜像**

如图3-5-8所示，这是比较简单的操作，这里不再赘述。

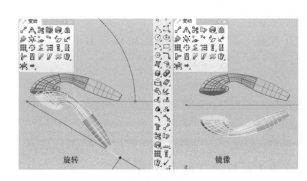

图 3-5-8

**2. 3D 旋转**

3D旋转，就是让图形围绕给定的任意旋转轴旋转，并以第一参考点为基准位置，将图形沿旋转轴旋转至第二参考点的位置，如图3-5-9所示。

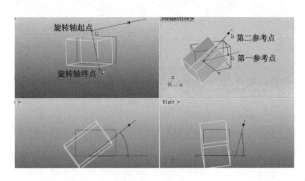

图 3-5-9

### 3.3 点镜像

3点镜像实际是用这3个点确定一个平面，并以这个平面做对称中心来镜像物件，如图3-5-10所示。

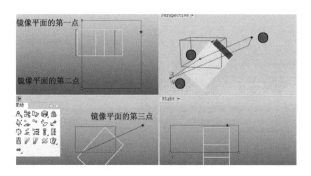

图3-5-10

### 3.5.7 ▦ ❖ ↘ ▦ ◹ ↗ 【阵列】

阵列是Rhino中比较常用的变换工具，包括矩形整列、环形整列、沿曲线阵列、沿曲面上的曲线阵列等。

**1. 矩形阵列**

矩形阵列就是将物件单体按照指定的行数和列数排列，如图3-5-11所示。

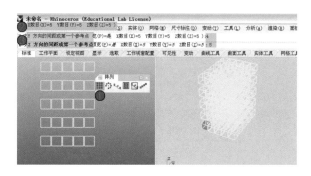

图3-5-11

■ 操作演示

[1] 单击▦矩形阵列命令，选取阵列单体，并回车，如图3-5-11①。

[2] 根据命令提示栏中提示，在命令栏中输入x、y、z三个方向的阵列个数，这里在三个方向都输入5个，如图3-5-11②。

[3] 根据命令提示栏中提示，在命令栏中输入x、y、z三个方向上每个单体之间的距离。这里在三个方向上单体之间的距离分别输入3、4、5（或者用参考点的方式输入）并回车，如图3-5-11③，完成操作。

注意：如果只需要在2个方向上阵列，就将其中一个方向上的阵列个数设为0就可以了。

**2. ❖ 【环形阵列】**

环形阵列，是指将物体以指定的数目围绕某个中心点进行复制摆放。

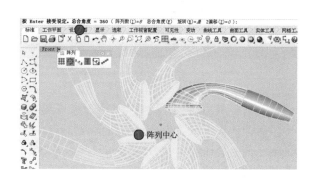

图3-5-12

■ 操作演示

[1] 单击图标❖，然后选择需要阵列的物体。

[2] 选择环形阵列的中心点，如图3-5-12①。

[3] 指定阵列个数，这里输入8。

[4] 指定旋转角度总和或第一参考点，这里选择输入360度，即做圆周阵列，然后右键确定。

**3. ↘ 【沿曲线阵列】**

沿曲线阵列就是让单体沿曲线进行复制排列，阵列后的每个单体会沿曲线的法线方向定位排列，其具体的调节如图3-5-13所示。

图3-5-13

沿着曲线阵列选项如下：

项目数：阵列后的单体个数（包括初始单体），即如果输入的个数是4，则最终重新生成的单体个数是3，加上初始的一个，总数为4，且首尾两个图对应曲线的两端，如图3-5-14左图所示。

项目间的距离：阵列后相邻单体之间的距离。阵列的数量依据曲线的长度而定，且曲线长度为"项目间距离"的整倍数，如图3-5-14右图所示。

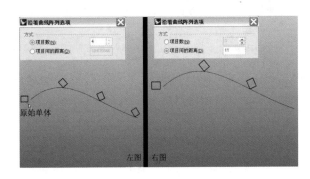

图 3-5-14

不旋转、自由扭转：这两个选项主要是限定单体在沿着曲线阵列时是否会旋转，前者指单体在沿着曲线阵列时会维持与原来一样的方位；后者指阵列后，模型会沿着曲线在三维空间内旋转。

走向：阵列时，单体会沿着曲线维持相对于工作平面朝上的方向，但会做水平旋转。

■ 点拨与技巧

在某些情况下，我们最好把曲线的端点和原始单体的中心放在同一个位置，则单体就会准确地沿着曲线的弯曲方向流动。

如图 3-5-15 所示，曲线的端点和原始单体的中心放在同一个位置，则能完美整列。

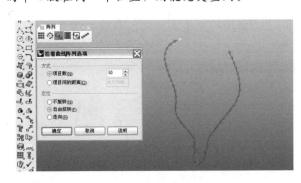

图 3-5-15

如图 3-5-16 所示，单体和曲线在不同位置时，阵列达不到我们的要求。

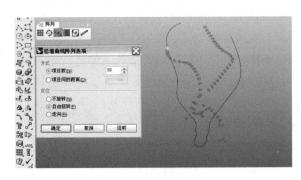

图 3-5-16

### 3.5.8 对齐

Rhino 的对齐和其他软件不一样，对齐后单体的位置可以任意改变（其他软件一般是以某一个单体为基准），如图 3-5-17 所示。

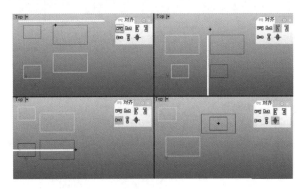

图 3-5-17

## 3.6 变形工具

变形工具是针对物件整体进行的扭转、弯曲、锥化等形变处理，如图 3-6-1 所示。

图 3-6-1

### 3.6.1 【扭转】

■ 实例演示：简易冰激凌模型创建

［1］单击【控制点曲线命令】，绘制冰激凌下部轮廓线和轴线，如图 3-6-2 所示。

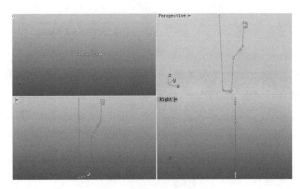

图 3-6-2

[2] 单击 🔑 【旋转成型】，分别选择轮廓线和轴线，并输入旋转角度 360°，得到冰激凌下部的简易造型，如图 3-6-3 所示。

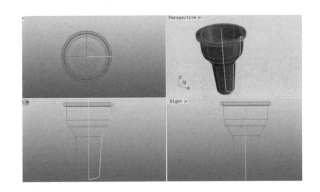

图 3-6-3

[3] 单击 🔪 【多边形：星形】边数为 8，且单击 ⌐ 【全部圆角】角度半径为 0.3，如图 3-6-4 所示。

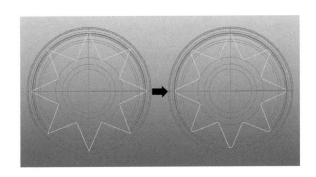

图 3-6-4

[4] 单击 🔺 【挤出至点】如图 3-6-5 所示。

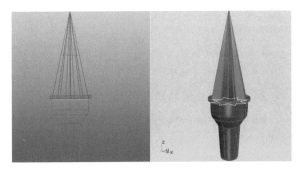

图 3-6-5

[5] 单击 🔲 【扭转】分别将扭转的起点①和终点②指定在模型的对称中心轴上，并第一参考点③和第二参考点④，如图 3-6-6 所示。

[6] 单击 🔗 【弯曲】，指定骨干起点①、骨干终点②和弯曲的通过点③，如图 3-6-7 所示。

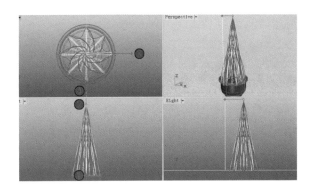

图 3-6-6

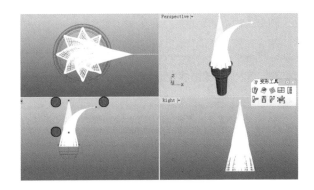

图 3-6-7

[7] 重复上一步操作，不同的是，这里的骨干起点和终点不在竖直线上，单击 🔗 【弯曲】，指定骨干起点①、骨干终点②和弯曲的通过点③，如图 3-6-8 所示。

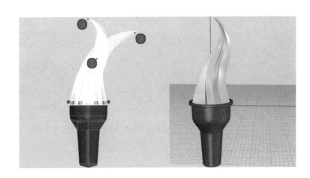

图 3-6-8

### 3.6.2 🔗 【弯曲】

弯曲是将模型整体沿着某一条骨干线进行圆弧弯曲，如图 3-6-9 所示。这是弯曲的几种形式。

图 1：常规形式，以模型的起始点为骨干线，将模型整体进行弯曲。

图 2：以模型局部为骨干线，对模型的局部进

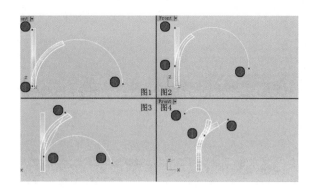

图 3 - 6 - 9

行弯曲。

图 3：以任意直线为骨干线。

图 4：对模型可以进行多次弯曲。

### 3.6.3 【锥状化】

锥状化

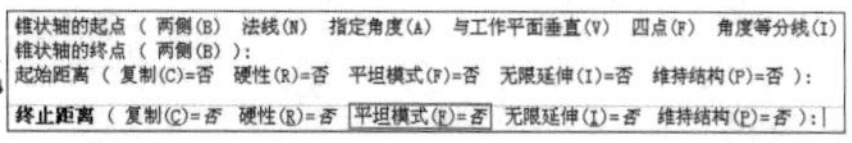

针对指定的一条轴线，将模型沿着轴线做锥状。

这里的"平坦模式"，以两个轴向进行锥状化变形，如图 3 - 6 - 10 是"平坦模式＝是"和"平坦模式＝否"的两种成型模式。

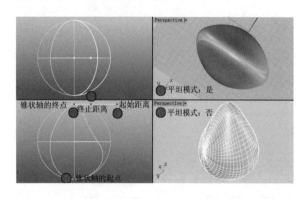

图 3 - 6 - 10

■ 操作演示

［1］单击 【锥状化】，分别设定锥状轴的起点①和终点②。

［2］选定起始距离③和终止距离④。

［3］在命令选项中选择"平坦模式＝是"得到模型⑤。

［4］在命令选项中选择"平坦模式：否"得到模型⑥。

### 3.6.4 【使平滑】

该命令就是将指定范围内的曲线控制点、曲

面控制点、网格定点等均化处理，也实用于局部除去曲线、曲面上不需要的细节与自交部分，如图 3 - 6 - 11 所示。选中需要平滑的三个点①，单击图标 并确定，可以看出，选中部分变得很平滑②。

图 3 - 6 - 11

### 3.6.5 【沿着曲线流动】

沿着曲线流动，是将模型单体或者群组，以基准曲线对应到目标曲线，同时引起模型发生相应的变形，如图 3 - 6 - 12 所示。

图 3 - 6 - 12

■ 操作演示

［1］单击 【沿曲线流动】①。

［2］选择需要流动的物体②，并回车。

［3］选择基准曲线③，并注意提示"选择靠近端处"。

［4］选择目标曲线④，并注意提示"选择靠近端处"。

■ 实例演示：六边梅花手环

［1］单击 【圆：中心点，半径】、 【矩形、对角线】绘制圆（作为轨道）和矩形并倒角，再绘制该矩形的中线，如图 3 - 6 - 13 所示。

［2］单击 【直线挤出】将倒角矩形直线挤

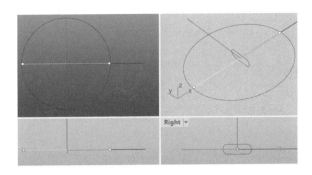

图 3 - 6 - 13

出，使之与矩形中线两边对齐，如图 3 - 6 - 14
所示。

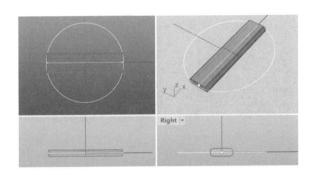

图 3 - 6 - 14

［3］单击 【扭转】①并根据提示选择需要扭
转的物体②并回车，打开"端点"锁定，锁定中线
的端点③④，然后再命令提示栏中将"无限延伸
(I)"改为"是"⑤，并在命令提示栏中输入扭转的
角度。为了方便作图时观察，也可以将角度写成乘
积的形式，如"180 * 6"⑥，如图 3 - 6 - 15 所示。
最终成图如图 3 - 6 - 16 所示。

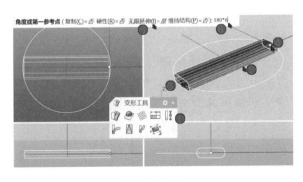

图 3 - 6 - 15

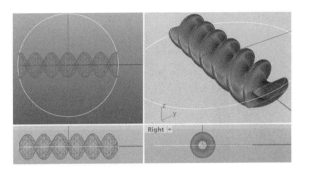

图 3 - 6 - 16

［4］单击 【沿曲线流动】①并选择需要流动
物件②；再点选基准曲线（该处用中线作为基准
曲线），注意命令提示栏中的"点选靠近端点处"
的提示③，因在点选时点击基准曲线的左侧④，
再点选目标曲线⑥（同样要注意"点选靠近端点
处"的提示⑤）。如图 3 - 6 - 17 所示。

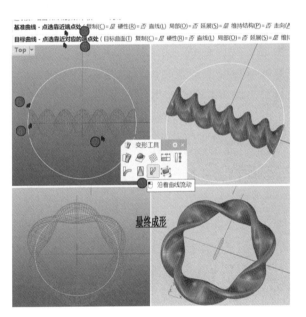

图 3 - 6 - 17

# 4

## 第4章　线的生成、编辑与优化

线是模型的基础，线的质量直接决定了生成模型的质量。通过本章的学习，掌握曲线的要素，包括曲线的阶数、节点、连续性；了解标准曲线的生成、自由曲线的绘制、从对象上生成曲线，并熟练运用曲线的优化命令进行曲线优化，以及进行简单的曲线编辑。

### 本章重难点

1. ▨【打开曲率图形】
2. ▨【投影曲线】
3. ▨【偏移曲线】
4. ▨【衔接】
5. ▨【混接】

### 涉及知识点

曲线关键要素（阶数、节点、连续性）；曲线的绘制、曲线的调节；曲线的初步编辑；▨【投影曲线】；▨【复制边缘】；▨【偏移曲线】；▨【衔接】；▨【混接】

## 4.1　曲线关键要素及优化

Rhino采用NURBS曲线建模。这种优秀的建模方式可以创建各种复杂的曲面造型，这是传统网格建模方式所不能比拟的。许多高级的三维软件都支持这种建模方式，如Alias。NURBS一般包含"阶数""控制点""节点""连续性"四个要素。

### 4.1.1　阶数

阶数又称度数，决定曲线的光滑程度。曲线的阶数越高，曲线的曲度就越平缓，曲线连接就越顺滑，当然，软件计算需要的时间也就更长。所以通常我们不需要太高的阶数，保持默认的"3"就能满足我们绝大部分曲面的需要。

绘制不封闭的曲线时，曲线的控制点最少要比阶数大1，比如：绘制圆锥线、抛物线等二阶曲线，控制点最少是3个。

也可以用模型创建的思路来理解：如果以曲线上的两点为一个跨度，那么跨度中间能弯曲的最少次数为曲线的阶数－1。如2阶曲线：弯曲的次数＝2（阶数）－1＝1，即2阶曲线的一个跨度之间至少可以弯曲1次，如图4-1-1所示。

同理，绘制不封闭的3阶曲线，至少需要4个控制点。用模型创建的思路来理解：3阶的弯曲次数＝3（阶数）－1＝2，即3阶曲线的一个跨度之间至少可以弯曲2次，如图4-1-2所示。

### ■　点拨与技巧

在绘制曲线时，只用3个控制点，是不是也可以绘制成3阶曲线呢？这里我们来分析演示一下，如图4-1-3所示。

图 4-1-1

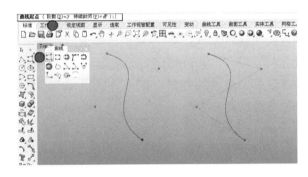

图 4-1-2

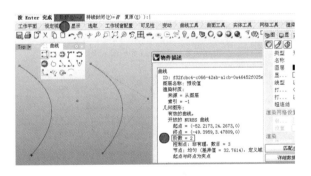

图 4-1-3

■ 操作演示

［1］单击 ┇ 【控制点曲线】绘制曲线，并将阶数设置为"3"，如图 4-1-3 中①。

［2］在曲线两点之间绘制一个控制点（总共 3个），完成曲线绘制。

［3］单击 ◯ 【物件】打开所绘制的曲线属性面板，单击选中曲线，点击【详细数据】，可以看到曲线的阶数是 2（如图 4-1-3 ②所示），这是软件自动做了降阶处理。

### 4.1.2　控制点

控制点（CV）是曲线本身的一个属性，是不能和曲线分离的，曲线形状的调节就是通过调节控制点来实现。

◫ 【权值】是指控制点对曲线的影响程度，软件默认的为"1"，权值越大，表示此控制点对曲线的影响越大。如图 4-1-4 所示，向下拖动控制点，④对曲线的影响比③更明显。

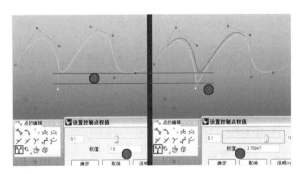

图 4-1-4

### 4.1.3　节点

曲线节点数目等于曲线的"控制点数＋1－阶数"，如图 4-1-5 所示，节点＝控制点（9个）＋阶数（3）－1＝7，所以每插入一个节点会增加一个控制点，相应地，移除一个节点也会减少一个控制点。

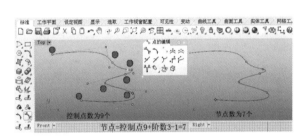

图 4-1-5

值得注意的是，增加节点不会改变曲线形状，但是移除节点通常会改变曲线形状，如图4-1-6，移除⑤号点以后，曲线发生了变化。

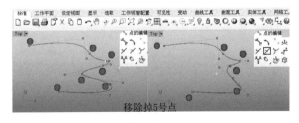

图 4-1-6

### 4.1.4　连续性

连续性是建模中一个常用概念，是判断两条

曲线、曲面连接是否光滑的重要参数。Rhino 常用的连续一般为三个级别：G0、G1、G2。软件中也设置了曲率检测工具 【打开曲率图形】用以检查曲线的连续性，如图 4-1-7 所示。

图 4-1-7

### 1. G0 连续

G0 连续又叫"位置连续"，即两条曲线的端点在相同的位置就能构成 G0 连续（位置连续）。构成 G0 连续的曲线，它们在连接处会形成锐角。用曲率工具检测时，表现为：检测线在接点处位置相同，但切线方向不一致，如图 4-1-8 所示。

也可以理解为：G0 连续就是曲率图在连接处发生断裂，使两条曲线的最边缘检测线不在同一直线上。

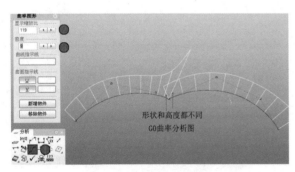

图 4-1-8

### 2. G1 连续

在满足 G0 连续的基础上（端点位置相同），还得满足两条曲线在相接的端点切线方向一致，如图 4-1-9 所示。

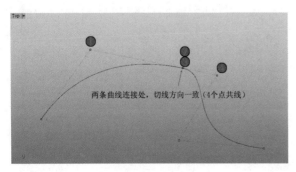

图 4-1-9

用曲率工具检测时，表现为：检测线在接点

处不但位置相同，而且方向相同，但高度不一样，如图 4-1-10。

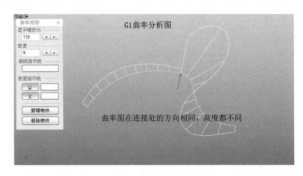

图 4-1-10

也可以理解为：G1 连续就是曲率图在连接处没有发生断裂，但曲率值发生变化（表现为使两条曲线最边缘的检测线在同一直线上，即检测图中竖线的长度不同）。

### 3. G2 连续

G2 连续是我们在建模时最常用的一种连续方式，要求在满足 G1 连续的基础上，还要满足在相接处的曲率半径也相同，表现在曲率检测图上就是，相接处的曲线图不但位置相同，方向相同（曲率图的两条边线共线），还得曲率图边线的高度也要相同，如图 4-1-11 所示。

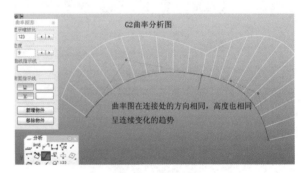

图 4-1-11

连续性也可以用工具进行验证，单击 【两条曲线的几何连续性】，并选中这两条曲线，在命令栏中就会呈现当前两条曲线属于几阶连续，如图 4-1-12 所示。

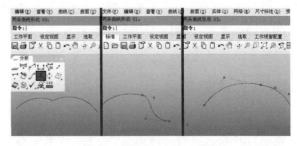

图 4-1-12

## 4.2　标准曲线的绘制

线是 Rhino 建模的基础，一个模型的建立一般都是经过点—线—面—体这样一个过程，由此可见，线是建模的第一步，其中标准曲线则是曲线中最简单的线。

### 4.2.1　直线绘制

Rhino5.0 提供了 17 种直线绘制工具，如图 4-2-1 所示。直线绘制很简单，这里只介绍几种常用的命令。

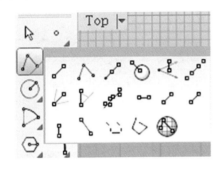

图 4-2-1

1. 【曲面法线】

该命令就是作一曲线使之垂直于某个曲面，如图 4-2-2 所示。

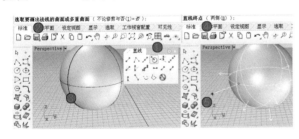

图 4-2-2

■ 操作演示

[1] 单击【曲面法线】①，如图 4-2-2。

[2] 观察命令提示行②，选择要在之上作法线的曲面。

[3] 选择法线的起始点③。

[4] 观察命令提示行④，作直线的终点。

[5] 完成法线制作。

2. 【与工作平面垂直】

该命令主要是针对工作平面不是常规平面的

情况，如前面在"3.3.5 设定工作平面"中讲到的，重新设定工作平面后，要在这个平面上作一条垂直线的情况，这里就用一个例子将这两个方面的知识一起来讲。

■ 操作演示

[1] 设置工作平面至曲面，如图 4-2-3 所示。单击【设定工作平面至曲面】①，选取物体斜面，双击右键，则视图变成图中②所示，完成工作平面设定。

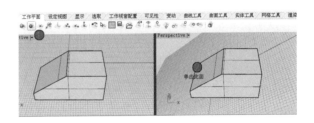

图 4-2-3

[2] 作"与工作平面垂直"的直线，如图 4-2-4 所示。单击【与工作平面垂直】，并观察命令提示栏，选择直线的起点③，再按照命令提示栏要求作直线的终点，完成直线的绘制。

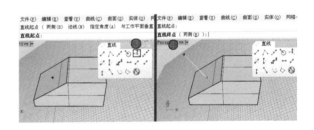

图 4-2-4

3. 【起点与曲线正切】

绘制与曲线相切的直线，这个命令理解起来很简单，但是操作起来则有几点注意的地方，如图 4-2-5 所示。

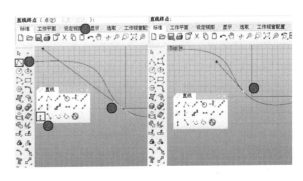

图 4-2-5

■ 点拨与技巧

在完成图 4-2-5 中③的时候，直线的起点会在曲线上滑动，这时要看命令提示栏，提示栏有两个选项："点""从第一点"，如果选择"点"，则直线与曲线的交点就会变化，这时应该选择"从第一点"，这样直线与曲线的相切点就是直线的初始点。

### 4.2.2 圆的绘制

Rhino 提供了多种圆的绘制方法，在模型创建的时候应根据自己的需要进行选择，如图 4-2-6 所示。

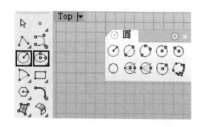

图 4-2-6

#### 1. 【中心、半径作圆】

指定中心点的位置和半径大小来作圆，如图 4-2-7 所示。

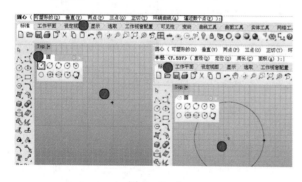

图 4-2-7

■ 操作演示

[1] 单击 【中心点、半径】①，提示栏中会提示"确定圆心"②，如图 4-2-7。

[2] 观察提示栏中后面的选项③，有可塑型的、垂直、两点、三点等，该选项大部分命令都是用来切换到其他绘制圆的方法。

[3] 当确定圆心后④，软件也就确定了用户是选择了"圆心、半径"作圆，这时提示栏就会要求指定半径大小⑤（也可以选用直径、定位、周长、面积），这时圆就画成了。

#### 2. 【直径】

直径作圆也有叫作"两点作圆"，它通过确定直径的两个端点来绘制圆。

#### 3. 【三点】

通过指定圆周上的三点来绘制一个圆，这运用了数学上"过同一平面上，不在同一条直线上的三点，有且只有一个圆"。但要注意在作图过程中对选项"半径"的修改，如图 4-2-8 所示。

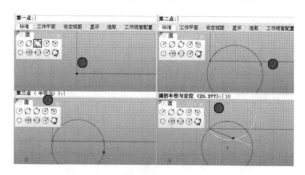

图 4-2-8

■ 操作演示

[1] 单击 【三点】，观察命令提示栏，确定第一点①，用同样的方法确定第二点②，如图 4-2-8。

[2] 在确定第二点后，命令提示栏中出现了"第三点"，后面还有选项"半径"，这就是说我们可以自由确定第三点完成圆形的绘制；也可以在已经确定两点的基础上，再给定一个半径值，完成圆形绘制③。

[3] 这里选择第二种，点击"半径"选项，修改半径为"10"，这时要注意，在这个平面上满足条件的圆一共有两个，可自行确定哪个圆是所需要的④。

#### 4. 【环绕曲线】

绘制一个圆心在曲线上，且与曲线上的圆心点垂直的圆，如图 4-2-9 所示。

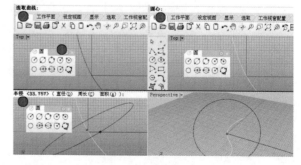

图 4-2-9

■ 操作演示

[1] 单击  【环绕曲线】①，观察命令提示栏，选取曲线②，如图 4-2-9。

[2] 按要求选取曲线后，观察命令提示栏，选择圆心③（即在这条曲线上选择圆心的位置）。

[3] 观察命令提示栏：要求确定半径（周长也可以是面积），并完成圆形的制作。

5. ◙【与工作平面垂直、中心、半径】、◙【与工作平面垂直、直径】

这两个命令是专门针对作一个与工作平面垂直的圆，这个一般用得比较少，但是有一些注意的地方需要大家理解。

与常规工作平面垂直：这里的常规工作平面就是指软件默认的顶视图、前视图、右视图三个工作平面，这三个比较简单，可按照命令提示进行操作，如图 4-2-10 所示。

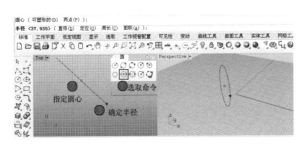

图 4-2-10

与重新设定的工作平面垂直：这里的工作平面是一个斜面，而不是常规平面，现在要在这个平面上作一个与之垂直的圆，如图 4-2-11 所示。

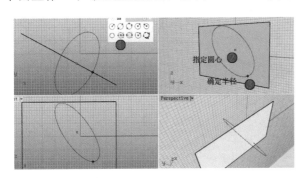

图 4-2-11

■ 操作演示

[1] 单击 ◙【环绕曲线】①，如图 4-2-11。

[2] 在工作平面上指定圆心②和半径③。

[3] 对比透视图，可以看出，这个圆是和工作平面垂直的。

■ 点拨与技巧

这里要提示一点，在上面步骤 [2] 中，"指定圆心②和半径③" 都必须在工作平面上完成，才能达到想要的效果。如果在错误的视图上作图，如 "指定圆心" ④ 是在 "指定的工作平面"，而 "确定半径" ⑤ 又是在顶视图，如图 4-2-12 所示，作图完成后，观察透视图，我们发现所得的圆并没有和工作平面垂直。

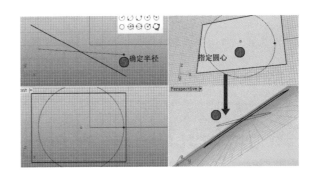

图 4-2-12

### 4.2.3　椭圆的绘制

椭圆绘制的命令比较少，其执行方式和注意事项和圆的绘制相似，如图 4-2-13 所示。

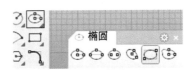

图 4-2-13

这些命令的具体使用都很简单，下面用图 4-2-14 进行简单的说明。

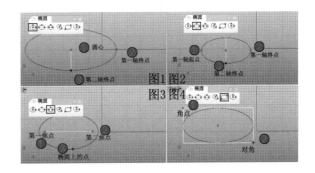

图 4-2-14

◙【椭圆：从中心点】：先确定椭圆中心点，再确定第一轴终点、第二轴终点，绘制椭圆，如图 4-1-14 图 1 所示。

【椭圆：直径】：这个命令实际和数学上画椭圆的方法是一个道理，通过确定长径和短径来确定椭圆，如图 4-1-14 图 2 所示。

【椭圆：从焦点】：通过确定两个焦点的位置，再确定椭圆上一点，通过三点定位来确定椭圆，如图 4-1-14 图 3 所示。

【椭圆：角】：这里的角是待作椭圆的外接四边形的对角，也即通过确定椭圆的外接四边形来确定唯一椭圆，如图 4-1-14 图 4 所示。

### 4.2.4 多边形绘制

软件提供了七种多边形绘制的命令，如图 4-2-15 所示。

图 4-2-15

其实在作图中用到的命令远不止这些，在命令执行时，Rhino 在命令提示栏中采用备选"选项"来补充，这就要求我们在使用命令时，要特别注意命令提示栏中的"选项"，下面我们用一个例子来演示，如图 4-2-16 所示。

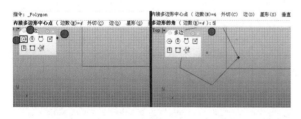

图 4-2-16

■ 操作演示

[1] 单击 【多边形：中心点、半径】①。

[2] 观察命令提示栏，提示下一步要确定内接多边形的中心点②。

[3] 确定中心点后，点击"边数（N）=4"，软件默认的边数是 4，可以点击这个选项进行修改。这里将边数改为 5，绘制成正五边形③。

### 4.2.5 圆弧的绘制

软件提供的几种圆弧的绘制方法，其操作都

很简单，如图 4-1-17 所示，这里只讲解其中两种。

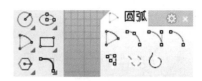

图 4-2-17

【圆弧：中心点、起点、角度】：从名字可以看出，这种圆弧的绘制需要提供中心点、起点、角度三个条件，如图 4-2-18 所示。

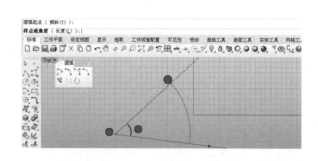

图 4-2-18

【将曲线转为圆弧】：该命令可以将曲线转为圆弧或多重直线。在执行这个命令时，要特别注意命令提示栏中所提供的一些备选项，如图 4-2-19 所示。

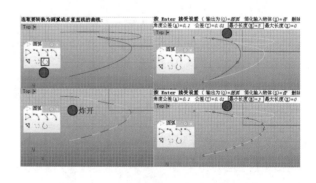

图 4-2-19

■ 操作演示

[1] 单击 【将曲线转为圆弧】①，并按照提示，选取该条曲线②，这时命令提示栏中会出现许多选项，根据自己的需要选择相应的选项，如图 4-2-19。

[2] 对比②③，当将选项中的最小长度分别设置为 5 和 3 的时候，就会得出不同的圆弧线。

[3] 操作完成后所得到的圆弧线，实际上是组

合在一起的多段圆弧线，运用 【炸开】命令就可以看出分开的各个圆弧段④。

## 4.3 自由曲线的绘制

曲线建模是 Rhino 最重要的建模手段，模型创建的一般思路是：先绘制曲线，再通过面的生成命令构造成复杂的曲面。所以模型质量的好坏和曲线质量有相当重要的关系。Rhino 一共提供了十四种曲线绘制命令，其中运用得最多的是"控制点曲线"和"内插点曲线"，如图 4-3-1 所示。

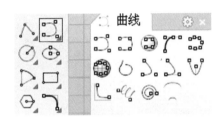

图 4-3-1

### 4.3.1 曲线的绘制

Rhino 提供的这些命令，大致可以分为如下五类：

1. 【控制点曲线】、【控制杆曲线】

这两种建模方式差不多，都是通过对控制点的调节来绘制并编辑曲线，只是【控制杆曲线】比【控制点曲线】多了一个控制杆，方便在绘制控制点曲线的时候进行参考，如图 4-3-2 所示。

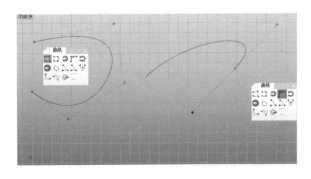

图 4-3-2

以 Rhino 图标为例，用 【控制点曲线】来进行实例练习，如图 4-3-3 所示。

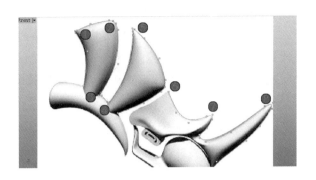

图 4-3-3

### ■ 点拨与技巧

在保证曲线质量的情况下，控制点越少越好。在尖角处一般需要 3 个控制点：尖角顶点、尖角左右两个点，如图 4-3-3 中的①至⑦。

2. 【内插点曲线】、【曲面上的内插点曲线】

内插点曲线是通过确定 EP 点来控制曲线的曲率和形状，这种方式画出来的曲线比较容易控制，所以一般当模型的精度要求比较高的时候，可以选用这种方式，如图 4-3-4 所示。

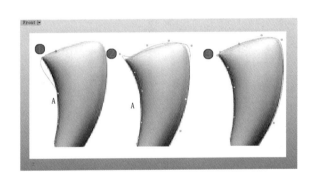

图 4-3-4

### ■ 点拨与技巧

使用 【内插点曲线】命令时，要注意对曲线走向的控制，并且要结合后期的控制点调节来实现精确化作图。如图 4-3-4 所示，在绘制曲线时，在①的位置会出现曲线走向不好控制的情况，这时应该在保证曲线"A"质量的情况下，在①的位置加上一个点②，同时把这个位置的调节留到整体绘制完后，再通过调节控制点来调节③。

【曲面上的内插点曲线】的绘制方法也一样，只是把操作平面换成曲面而已，这里不赘述。

3. ⬚【描绘】、⬚【在网格上描绘】

⬚【描绘】是模仿徒手画的方法来绘制曲线，这种方法作图比较自由，对于复杂边线的绘制效果较好，但是也有一个明显的缺点，就是控制点较多，曲线质量不高，如图4-3-5所示。

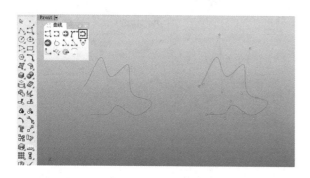

图 4-3-5

4. ⬚【圆锥线】、⬚【圆锥线：起点正切】

圆锥线的绘制方法比较简单，如图4-3-6图1所示，而【圆锥线：起点正切】就是绘制一条与已有曲线相切的曲线，如图4-3-6图2所示。

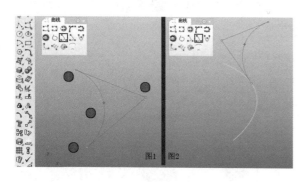

图 4-3-6

5. ⬚【弹簧线】、⬚【螺旋线】

【弹簧线】和【螺旋线】在绘制方法上是一样的，只不过在绘制螺旋线的时候，可以改变一边的半径，如图4-3-7所示。

图 4-3-7

### 4.3.2　曲线的调节

在运用曲线绘制工具完成曲线初步绘制后，需要对曲线进行调节。

1. 通过 CV 点和 EP 点进行调节

如图4-3-8所示，CV 的控制点在曲线外，而 EP 点的控制点在曲线上，在使用上，两种调节方法各有优劣，可根据自己作图的需要进行选择。

图 4-3-8

2. 点的调节、添加和删除

如果在曲线的调节过程中，需要增加节点或者删除某些节点，可以通过执行 ⬚【插入节点】、⬚【移除节点】来实现。根据"4.1.3 节点"的知识可知：插入或移除一个节点可以增加或减少一个控制点，通过对控制点的调节来达到曲线的调节，如图4-3-9所示。

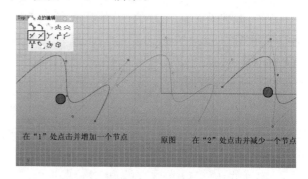

图 4-3-9

## 4.4　从对象上生成曲线

在 Rhino 中，曲线的绘制除了可以通过执行曲线生成命令外，还可以从对象（曲面或者体）上提取。这些被提取的曲线，本身就是已完成对象上的一部分，这不仅保证了曲线的品质，还能提高模型创建的效率。

### 4.4.1 由曲线投影而成

在 Rhino 中，曲线投影生成曲线的工具有 【投影曲线】、 【拉回曲线】两种。

【投影曲线】：投影曲线到目标曲面，可以理解为是将曲线沿垂直于工作平面方向挤出，挤出曲面与目标曲面出现的交线，即为投影曲线。

【拉回曲线】：沿曲面的法线方向，将曲线拉回曲面。

■ 操作演示

将曲线投影到圆柱上，场景中有一个圆柱体和一段封闭的曲线。

［1］执行 【投影曲线】工具，然后按照命令提示栏的提示依次操作，则曲线①投影到圆柱体形成两条投影曲线②和③，如图 4-4-1 所示。

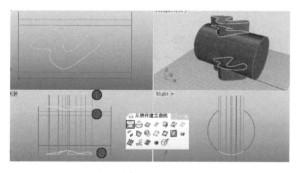

图 4-4-1

［2］这时可以观察一下，此时曲线投影的轨迹就是沿竖直方向向下，这相当于对曲线①执行命令 【直线挤出】，而生成的物件与圆柱体的相交线。

［3］执行 【拉回曲线】命令，然后按照命令提示栏提示依次操作，则曲线①投影到圆柱体面上的投影曲线为②，如图 4-4-2 所示。

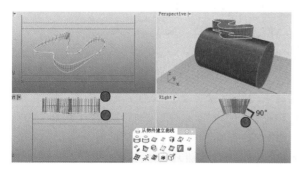

图 4-4-2

［4］这里将①②连接成曲面，可以从③中发现这个曲面和原来的圆柱体相垂直。

### 4.4.2 曲面边界生成

【复制边缘 \ 复制网格边缘】：复制曲面的边缘作为曲线（单独复制某些边缘）。

【复制边框】：复制曲面的边框作为曲线（复制整个边框而不是单独的某条边）。

【复制面的边框】：这个命令既可以用于曲面又可以针对体，是将曲面或者体物件上某一个面的边缘全部复制，生成新的曲线。

■ 操作演示

［1］左键单击 【复制边缘 \ 复制网格边缘】工具，选取体的轮廓线①并确定，可以生成曲线如图 4-4-3 图 1 所示。

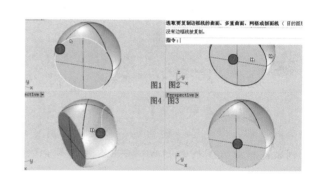

图 4-4-3

［2］执行 【复制边框】命令，选中曲面②并完成命令，发现根本不会生成任何曲线，这是因为这个命令本身是针对曲面而非体，如图 4-4-3 图 2 所示；如果此时对此物件执行命令 【炸开】，则这个体就分成了几个曲面，这时再执行 【复制边框】命令，选中曲面③，就能生成曲线，如图 4-4-3 图 3 所示。

［3］将物件恢复到体的模式，执行 【复制面的边框】命令，点击体上任意一个曲面，都可以用这个曲面生成曲线，如图 4-4-3 图 4 所示。

### 4.4.3 提取 ISO 线

【抽离结构线】：根据需要，有选择性地将物件的某一条结构线复制出来，成为单独的曲线，且不会对原物件造成影响，如图 4-4-4 图 1 所示。

【抽离线框】：复制曲面\多重曲面，在着色模式下，所有可见的结构线都会抽离成为单独曲线，如图4-4-4图2所示。

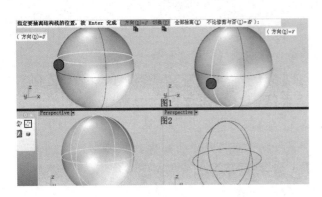

图4-4-4

### 4.4.4 提取交线

【提取交集】：复制两个物件相交处的交线、交点，绘制成独立的曲线。

■ 操作演示

场景中是一个球和一个长方体，如图4-4-5所示，执行【提取交集】后，在立方体和球的相交的地方，形成了一段曲线，而且从右图可以看到，这段曲线是独立于两个物件的。

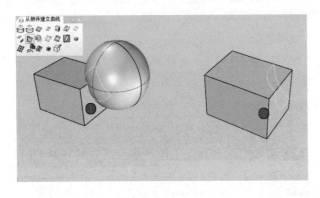

图4-4-5

### 4.4.5 等距线

【等距线】：该命令是用来在曲线、曲面或者多重曲面上建立一排等距分布的交线，如图4-4-6所示，注意命令提示栏中的提示，"所作的线是与断面线垂直的"，这一点可以在图1、图2中看出，在图3中将断面线设置成倾斜，则得到图4的等距线。

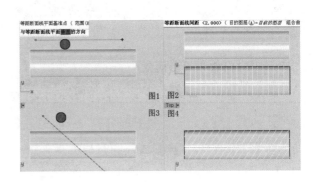

图4-4-6

### 4.4.6 【测地线】

■ 操作演示

场景中有一个圆柱体和两个点，如图4-4-7所示。

[1] 执行【测地线】命令，选中要在其上建立曲线的曲面①。

[2] 打开物件锁点【点】，选择曲线起点③。

[3] 选择终点④，完成操作。

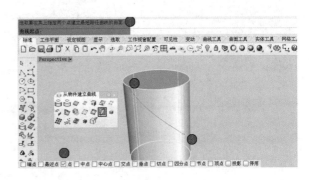

图4-4-7

## 4.5 曲线的初步编辑

### 4.5.1 【倒角】

倒角一般分为三种，分别是曲线圆角、曲线斜角、全部圆角。

曲线圆角：让两条曲线在交点处以圆弧连接，这两条曲线可以相交，如图4-5-1图1；也可以不相交，但半径大小要适当，以确保新生成的弧线能连接原来的两条曲线，如图4-5-1图2所示。

曲线斜角：让两条曲线在交点处以直线连接，

这新生成的直线的具体位置，因斜角距离而定。如图 4-5-1 图 3 所示，这里输入了第一斜角距离为 "5" ③和第二斜角距离 "6" ④，得出所倒斜角的直线。

全部圆角：这是针对多个圆角，以相同的半径同时倒角，如图 4-5-1 图 4 所示。

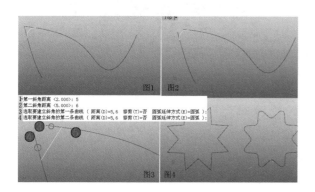

图 4-5-1

### 4.5.2 【偏移】

偏移主要有三个内容：偏移曲线、往曲面法线方向偏移曲线、偏移曲面上的曲线。

【偏移曲线】：指定一定的距离或点，在曲线的一侧或者两侧生成新的曲线。这是对图像的一种等距复制，在操作上，只需点击命令提示栏中的 "距离" 或者 "通过点" 就可以实现两种偏移方式的交换，如图 4-5-2 所示，图 1 以固定的距离偏移图 2 通过任意点偏移。

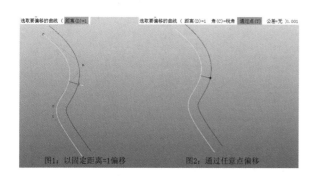

图 4-5-2

【往曲面法线方向偏移曲线】：新偏移的曲线，会沿着曲面的法线方向，但是不一定会在曲面上，如图 4-5-3 所示。

【偏移曲面上的曲线】：需要偏移的曲线是曲面上的，且偏移后新生成的曲线也在曲面上，如图 4-5-4 所示。

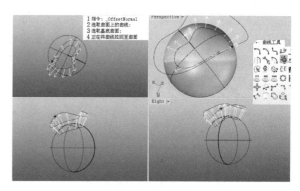

图 4-5-3

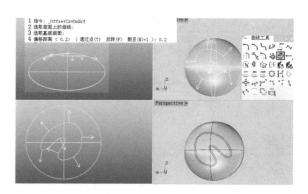

图 4-5-4

### 4.5.3 【衔接】

衔接就是将两条不相交的曲线，通过改变其中一条曲线的位置（或者两条都改变），使其保持 G0、G1、G2 的连续。如图 4-5-5 所示，是在不同的 "连续性" 和 "相互连接" 选项下所生成的各个曲线的形态。

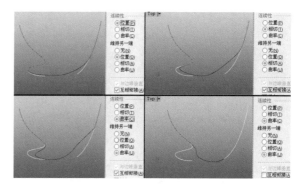

图 4-5-5

### 4.5.4 【混接】

【混接】是在两条不相交的曲线之间重新生成一条曲线，并与原来的曲线成 G0、G1、G2 连续，主要有 "可调式混接曲线" "弧形混接" 两种模式。

【可调式混接】：执行该命令时，可勾选"显示曲线曲率"，这样能观察各种连续性下曲线混接的直观图。如图 4-5-6 勾选"位置"G0 连续，其曲率显示图如图所示。

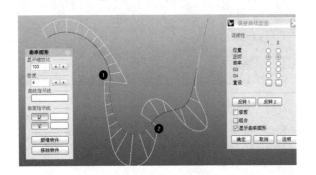

图 4-5-6

勾选"相切"G1 连续，如图 4-5-7 所示。

图 4-5-7

勾选"曲率"G2 连续，如图 4-5-8 所示。

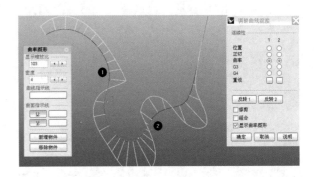

图 4-5-8

【圆弧混接】：该命令是一种比较简单的混接方式，在保证弧线与原来的曲线 G1 连续的情况下，可以通过调节节点，对连接的弧线进行调节，如图 4-5-9 所示。

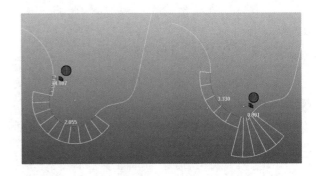

图 4-5-9

# 5

## 第5章　面的生成与编辑

　　面的生成与编辑是 Rhino 中最基础、最重要的部分，通过本章的学习，掌握面软件建模方式，理解 Rhino 边界建面、断面线建面、轨道和断面线建面的具体含义和使用方法，并且掌握面的编辑、优化工具，学会灵活运用 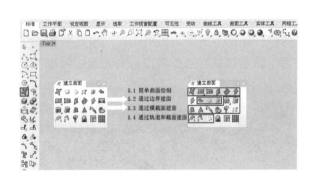【混接曲面】进行模型造型。

### 本章重难点

1. ▦【以二、三、四个边缘建立曲面】
2. ▨【从网格建立曲面】
3. ▤【混接曲面】在造型中的灵活运用

### 涉及知识点

　　曲面建模方式的理解；简单曲面绘制；通过边界建面；通过断面线建面；▦【挤出】；▦【旋转成型】；▨【放样】；通过轨道和断面线建面；▨【单轨扫掠】sweep1；▨【双轨扫掠】sweep2；▨【从网格建立曲面】；曲面的编辑

　　曲面的生成与编辑是 Rhino 的核心，模型的创建的绝大多数都是先通过面的创建，再合成体而完成。曲面生成工具主要集中在【曲面】面板中。

　　如图 5-0-1 所示，曲面生成工具约为 24 种，我们将这些命令位置稍作改变，可以清晰地分成 4 类：简单曲面绘制；通过边界建面；通过横截面建面；通过轨道和截面建面。

图 5-0-1

　　要理解这种划分，首先来分析一下曲面结构线的类型，如图 5-0-2 所示，一个曲面的线可以分成边界线、V 线和 U 线三种，可以将 V 线或者 U 线的其中一种看成是轨道，另一种则看成是断面线。

　　建面的方式则可以理解为：曲面＝断面线沿轨道运动的轨迹。有时也可以将边界划分到轨道和断面线中，则所有的线就可以划分为 U、V 两种线，即轨道线和断面线。

　　这三种线都可以独立建面，如通过边界建面、通过横截面建面；也可以是两种线共同建面：通过轨道和截面建面。

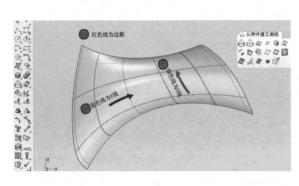

图 5-0-2

所示。

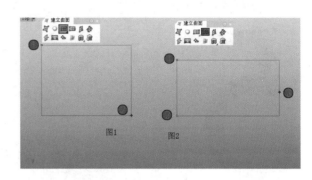

图 5-1-2

## 5.1　简单曲面绘制

在所有的曲面创建命令中，简单曲面的绘制是最容易理解的，但却不是最常用的，因此在这部分只是粗略地讲解。

### 5.1.1　【指定三或四个角建立曲面】

使用该工具，可以根据已有的三个点或者四个点为顶点创建面。由于不共线的空间三点，经直线连接，必为平面（不一定是水平面），则第四点的位置就尤为重要，如果第四点也在这平面上，则为平面，如果第四点不在这平面上，则成曲面，如图 5-1-1 所示。

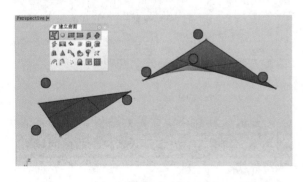

图 5-1-1

### 5.1.2　【矩形平面】

建立矩形平面：一般用两种方式来完成面的创建。

一是确定矩形平面的两个对角点来绘制矩形平面，如图 5-1-2 图1所示；

二是确定矩形平面一条边上两端点，以及对边上任意一点来绘制矩形平面，如图 5-1-2 图2

## 5.2　通过边界建面

通过边界创建曲面是用得较多的一种建模方式，特别是在某些模型创建中，能产生意想不到的效果。主要包括【嵌面】、【以平面曲线建立曲面】两种。

### 5.2.1　【嵌面】

如果已有一系列不规则的线条，或者没有明确 U、V 线来生成曲面，那么用【嵌面】是一种较好的建面方式，这种方法也经常被拿来作补面之用。

从字面意思可以看出，【嵌面】一般都是在【单轨扫掠】【双轨扫掠】【从网格建立曲面】【挤出】【旋转成型】【以二、三、四个边缘建立曲面】等这几种常用的建模方式不能完成，或者比较麻烦时才采用。

嵌面运用比较灵活，所生成的曲面与已有条件（曲线、点、点云、网格）逼近，也可以说是一种近似的曲面创建。所以，在执行命令【嵌面】后，命令提示栏中会提示，要求"选取曲面要逼近的曲线、点、点云或网格"等执行这个命令所需要的条件，如图 5-2-1 中②所示。

■　点拨与技巧

图 5-2-2 图1：以曲线①和点②为已有条件，所成嵌面。

图 5-2-2 图2：以曲线①和点②③④为已有条件，所成嵌面。

图 5-2-2 图3：以曲线①和曲线②为已有条

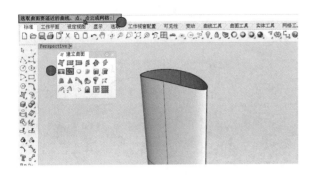

图 5 - 2 - 1

件，所成嵌面。

　　以上三种情况下，最后所创建的曲面就最大可能地和已有条件逼近。

　　图 5 - 2 - 2 图 4：曲线①②和点③为已有条件时，所生成曲面不能同时逼近这三个条件，这时形成的面就会舍弃一些条件。如图所示，曲面选择逼近曲线①②，而没有照顾到点③。

　　总之，嵌面要求的逼近已有条件，就是尽最大可能让已有的曲线、点、点云、网格等元素在新创建的曲面上。

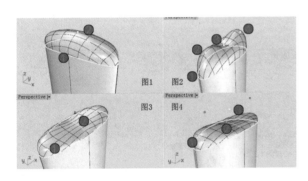

图 5 - 2 - 2

　　在执行命令 ◆【嵌面】时，会弹出"嵌面曲面选项"对话框，如图 5 - 2 - 3 所示。要了解这些选项对曲面效果的影响，根据需要进行调节。

　　取样点距离：放置于输入曲线间距很小的取样点。最小数量为一条曲线放置 8 个取样点，这个参数默认为"1"，在使用时一般不做修改。

　　曲线的 UV 方向跨距数：即创建的曲面 UV 方向的跨距数量，控制生成曲面 UV 方向的曲面精度。如图 5 - 2 - 3，两个方向上默认的跨距数量都是 10 个。

　　硬度：所得曲面的变形程度。数值越大，曲面硬度越高，所得曲面越接近平面。如图 5 - 2 - 4 所示，当硬度为"1"时，曲面过渡比较圆滑；当

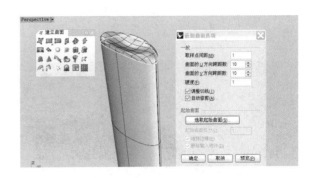

图 5 - 2 - 3

硬度为"20"时，曲面过渡比较平实。

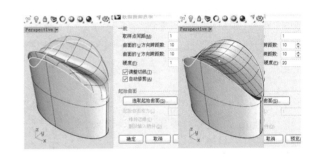

图 5 - 2 - 4

　　调整切线："调整切线"是指让新生成的"嵌面"与已有的曲面形成一种相切关系。

　　这个选项只有在选择已有曲面的轮廓线（不是独立的曲线）作为生成"嵌面"的边缘时才会生效。如图 5 - 2 - 5 所示，左右两图就是在分别选取曲面轮廓线、曲线的情况下，嵌面的成型效果。

图 5 - 2 - 5

　　■ 实例演示：制作蘑菇造型

　　图 5 - 2 - 6 所示蘑菇造型比较不规则，如果通过其他方式创建模型，会很复杂，且达不到要求，

现在我们用 【嵌面】来绘制，则会收到较好的效果。

[5] 执行命令 【放样】，依次选择曲线①②③，生成曲面如图 5-2-11 所示。

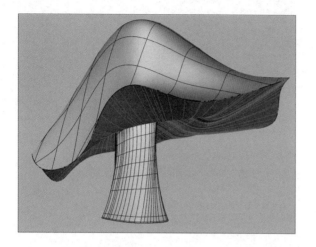

图 5-2-6

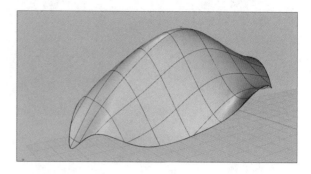

图 5-2-9

[1] 在 Front 视图中执行命令 【控制点曲线】，绘制曲线和点，如图 5-2-7 所示。

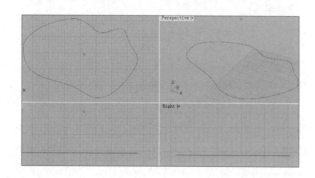

图 5-2-7

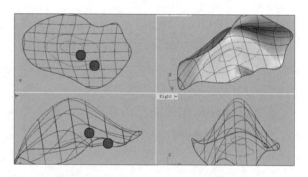

图 5-2-10

[2] 在 Front 视图中，移动 UV 点，调整曲线如图 5-2-8 所示。

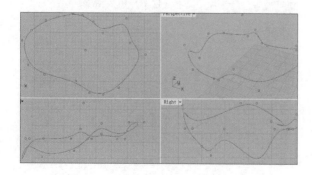

图 5-2-8

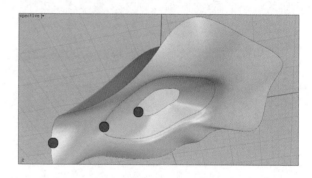

图 5-2-11

[6] 再绘制曲线，执行命令 【放样】，生成蘑菇的柄部，整体蘑菇造型如图 5-2-12 所示。

[3] 执行命令 【嵌面】，生成如图 5-2-9 所示曲面。

[4] 再绘制曲线①②，如图 5-2-10 所示。

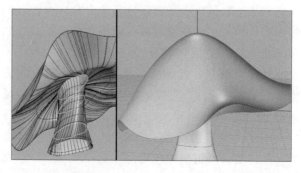

图 5-2-12

### 5.2.2 ○【以平面曲线建立曲面】

在一平面上，以一组封闭的曲线形成一个曲面，其成形要求为：最少有三条曲线；曲线必须封闭，如图 5-2-13①，曲线不封闭，则不能使用该工具绘制曲面；三条曲线在同一平面上，如图 5-2-13②，曲线不在同一平面，则不能使用该命令绘制曲面；三个条件都满足，即三条以上曲线、首尾相连、在同一平面，则生成图 5-2-13③所示曲面。

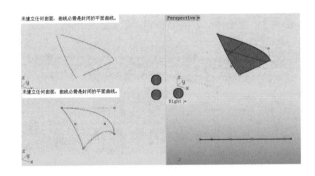

图 5-2-13

### 5.2.3 ▦【以二、三、四个边缘建立曲面】

要理解 ▦【以二、三、四个边缘建立曲面】，就要和前面两种工具○【以平面曲线建立曲面】、◈【嵌面】来对比理解。

和○【以平面曲线建立曲面】相比，这些曲线不一定要在同一平面上，也不一定要封闭。

和◈【嵌面】相比，▦【以二、三、四个边缘建立曲面】也是采用的一种逼近的建面方式，但曲线不一定要求封闭。

如果这些曲线不是封闭的，所创建的曲面与边线呈逼近状态，如图 5-2-14 左图所示。

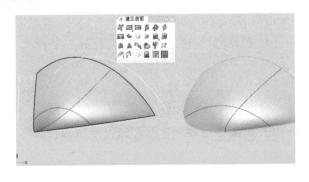

图 5-2-14

如果这些曲线是封闭的，所创建的曲面以曲线为边界，如图 5-2-14 右图所示。

■ 点拨与技巧

该命令只能让模型形成 G0 连续。

该命令的优点是形成曲面的结构线简单。

■ 实例演示：显示器创建

这里选用一个比较老的显示器来做这个部分的实例演示，以此来学习 ▦【以二、三、四个边缘建立曲面】，其中还会用到一些后面才会讲解的知识点，不过都是很简单的运用。这里主要掌握 ▦【以二、三、四个边缘建立曲面】，其效果如图 5-2-15 所示。

图 5-2-15

[1] 在 Front 和 Top 视图中执行命令▣【控制点曲线】，绘制如图 5-2-16 所示曲线。

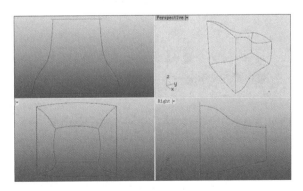

图 5-2-16

[2] 执行命令▦【以二、三、四个边缘建立曲面】，建立如图 5-2-17 所示曲面。

[3] 执行命令▣【挤出封闭的平面曲线】，选择边缘线挤出如图 5-2-18 所示图形。

[4] 在 Front 视图中，绘制如图 5-2-19 所示立方体。

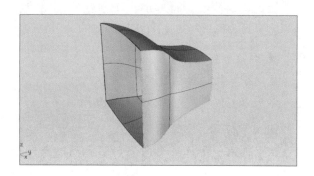

图 5 - 2 - 17

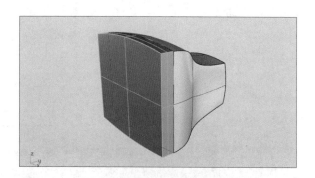

图 5 - 2 - 18

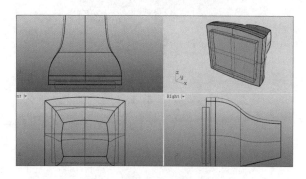

图 5 - 2 - 19

［5］执行命令 ⬤【布尔运算差集】，生成如图
5 - 2 - 20 所示形体。

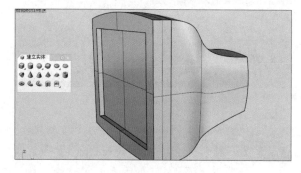

图 5 - 2 - 20

［6］在 Front 视图中，先后执行命令 ⬚【控制
点曲线】、⬚【直线挤出】，如图 5 - 2 - 21 所示。

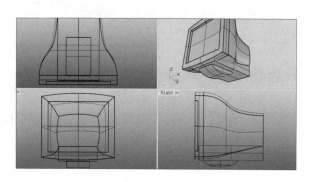

图 5 - 2 - 21

［7］制作圆形底座，并执行命令 ⬚【不等距边
缘圆角】，整体倒角后如图 5 - 2 - 22 所示。

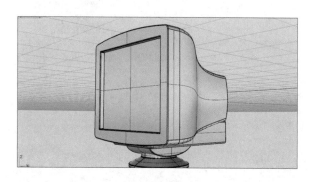

图 5 - 2 - 22

## 5.3  通过断面线建面

通过横断面建面，是 Rhino 中运用的较多的
一种成型方式，⬚⬚⬚⬚【挤出】、⬚【旋转】、
⬚【放样】都是将断面线沿某一轨迹运动，其运
动轨迹形成相应曲面。

⬚【挤出】是将断面曲线沿某一曲线挤出而
形成曲面。

⬚【旋转成型】是将断面线沿某一轴旋转而
形成曲面。

⬚【放样】是将多条断面线进行平滑过渡来
生成曲面。

### 5.3.1  ⬚⬚⬚⬚【挤出】

⬚⬚⬚⬚【挤出】是"通过断面线建面"中
最为简单的一种，基本原理就是：将某一断面线
沿某一直线或曲线轨迹拉伸而形成曲面；也可以
理解为：断面曲线沿某一方向运动，其轨迹形成

曲面。这种成型方式在大多数三维建模软件中都
会用到。

1. 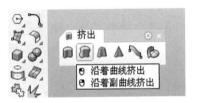【直线挤出】

【直线挤出】是将断面线沿某一条直线方向挤出曲面，这是挤出命令中最为简单，但用得最多的一种命令。

垂直于视图方向挤出：在【直线挤出】中，Rhino 默认的是垂直于视图方向挤出。在命令提示栏中有选项【两侧（B）＝是】，则向断面线两侧挤出，如果只向一侧挤出，只需单击这个选项，将其变成【两侧（B）＝否】即可；另一个选项就是【实体 S＝否】，也就是说软件默认的不做成实体，而是成为一个封闭的单纯的曲面，如图 5-3-1图①所示。

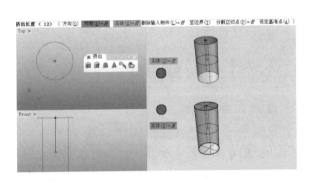

图 5-3-1

如果单击【实体（S）＝否】，使之变成【实体（S）＝是】，则会在曲面两端加上盖子，如图 5-3-1图②所示。

挤出长度：挤出的高度或者高度。

方向：确定的方向（挤出方向可以任意改变）。

两侧：指挤出是否向两个方向同时拉出。

实体：是否封盖。但要注意，只有封闭的平面线条才能产生封盖。

沿任意直线方向挤出：在使用该命令时，命令提示行中有【方向（D）】这一个选项，单击这个选项，就可以实现在平面内任意一个方向挤出，如图 5-3-2所示。

■ 操作演示

［1］单击【直线挤出】选择该命令，如①。

［2］选择要挤出的曲线，如②。

［3］单击【方向（D）】，执行任意方向挤出③。

［4］选择方向基准点，如④。

［5］选择方向的第二点，如⑤。

［6］最后得出图形如图 5-3-2。

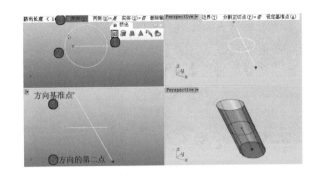

图 5-3-2

2. 【沿曲线挤出】

【沿曲线挤出】和【直线挤出】是相对应的，成型方式相同，只是成型轨迹变成曲线。如图 5-3-3所示，从图中可以看出，该命令的左键和右键具有不同的意义。

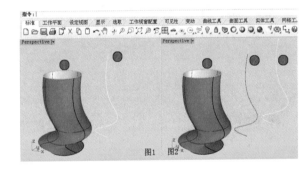

图 5-3-3

左键单击【沿曲线挤出】：表示将一断面曲线①沿某一路径曲线②挤出，如图 5-3-4所示。

图 5-3-4

■ 点拨与技巧

［1］形成曲面的长度和走向与路径曲线相同。

［2］形成曲面是从断面线开始，沿路径曲线挤出，其形状与位置取决于断面线的形状与位置，与路径无关。如图 5-3-4中，图1、图2都是以①作为断面曲线，分别以曲线②③为路径曲线，且路径曲线形状相同，位置不同，但是最终形成的曲面完全一样。

[3] 沿曲线挤出：让断面线沿曲线挤出，挤出过程中，截面的角度和方向不变，断面线的方向不会随路径曲线的变化而变化。如图 5-3-5 所示，断面曲线和路径曲线在①处是垂直的，但是在②③处并没有随路径变化和路径曲线垂直，而是仍然保持原来状态。

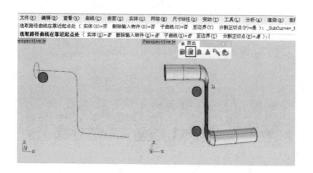

图 5-3-5

右键单击 【沿曲线挤出】：表示沿副曲线挤出。这个表述不是很常见，也不容易理解，下面我们通过一个例子进行分析，如图 5-3-6 所示。

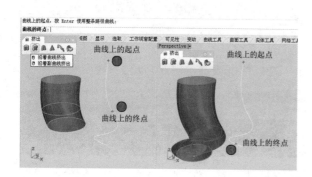

图 5-3-6

■ 操作演示

[1] 右键单击 【沿曲线挤出】。

[2] 选择断面曲线。

[3] 选取路径曲线，并根据提示确定曲线上的起点①。

[4] 鼠标沿路径曲线移动，并最终确定曲线上的终点②，得到图 5-3-6 中的左图。

[5] 用相同的方法，将曲线上的终点向下移动，最终得③，得到图 5-3-6 中的右图。

[6] 分析左右两图，发现右键 【沿副曲线挤出】所得曲面是可以控制的，它可以是左键 【沿曲线挤出】所得曲面的一部分，但两图在相同

距离段的形状是完全一样的。

3. 【挤出曲线成锥状】、 【挤出至点】

这两个命令比较简单，在理解上并不困难，两个命令的成型方式相似，都是将断面曲线沿某一直线挤出，挤出大小不同的上下两端面，如图 5-3-7 所示。唯一区别的就是： 【挤出曲线成锥状】所成曲面是从小到大，而 【挤出至点】所成曲面是从大到小（归于一点）。

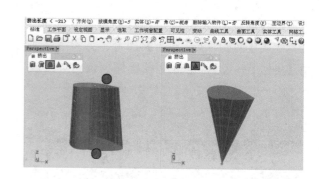

图 5-3-7

■ 实例演示：制作摄像头

摄像头的模型创建很简单，这里主要运用 【挤出】来完成，通过操作演示让读者能完整地掌握该命令的关键知识点，特别是对命令提示栏中选项的选取，其效果如图 5-3-8 所示。

图 5-3-8

[1] 在 Front 视图中绘制圆，并执行命令 【直线挤出】，生成如图 5-3-9 所示曲面。

[2] 在顶视图中心点上绘制点①，再执行命令 【挤出至点】，生成圆锥曲面，如图 5-3-10 所示。

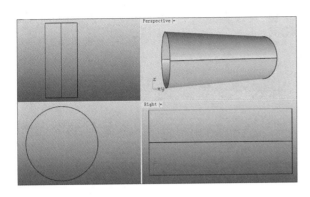

图 5 - 3 - 9

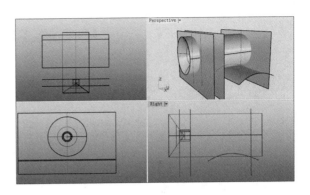

图 5 - 3 - 12

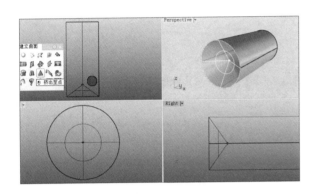

图 5 - 3 - 10

[3] 在 Right 视图中绘制曲线①，并执行命令【旋转成型】；绘制椭圆体②，如图 5 - 3 - 11 所示。

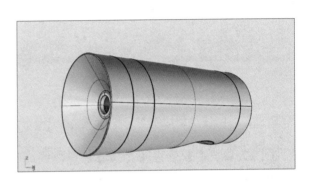

图 5 - 3 - 13

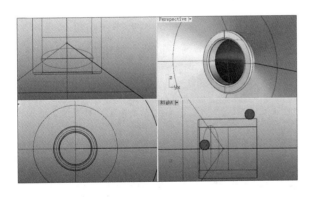

图 5 - 3 - 11

[4] 在 Right 视图中，绘制四条曲线，并执行命令【直线挤出】，生成如图 5 - 3 - 12 所示曲面。

[5] 先后执行命令【分割】、【组合】、【不等距边缘圆角】，如图 5 - 3 - 13 所示。

[6] 在 Top 视图中绘制曲线①②，在 Right 视图中绘制曲线③，如图 5 - 3 - 14 所示。

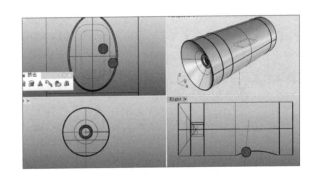

图 5 - 3 - 14

[7] 执行命令【沿曲线挤出】、【分割】、【组合】、【不等距边缘圆角】，如图 5 - 3 - 15 所示。

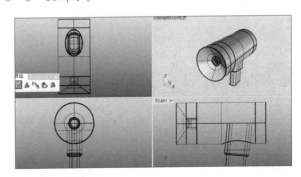

图 5 - 3 - 15

[8] 在 Right 视图中绘制曲线，并依次执行命令 ▣【直线挤出】、 ▨【将平面洞加盖】、 ▧【组合】、 ▨【不等距边缘圆角】，得到如图 5-3-16 所示曲面。

至此，整个摄像头建模完成。

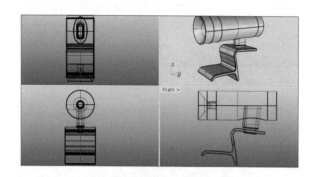

图 5-3-16

### 5.3.2 ▧【旋转成型】

▧【旋转成型】是将断面线沿某一轴线旋转而成型的一种方式，该命令在 Rhino 和其他三维软件中运用相当广泛，特别是针对轴对称图形的创建，如碗、圆柱类的物件等。

▧【旋转成型】有左右两键的区别，如图 5-3-17 所示，这是针对两种不同条件的旋转。

图 5-3-17

#### 1. ▧左键【旋转成型】

▧左键【旋转成型】是将曲线沿某个轴线环形旋转得到曲面，如图 5-3-18 所示。

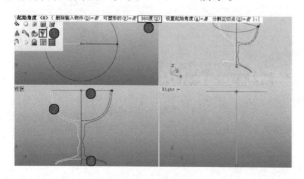

图 5-3-18

■ 操作演示

[1] 单击 ▧【旋转成型】①，如图 5-3-18 所示。

[2] 选取需要旋转的曲线②，如图 5-3-18 所示。

[3] 选取旋转轴的两端点③④，如图 5-3-18 所示。

[4] 输入要旋转的角度，或者选取 Rhino 默认的 360 度 [单击 360 度（U）⑤]，最后所成曲面如图 5-3-19 所示。

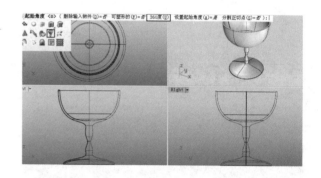

图 5-3-19

■ 点拨与技巧：用鼠标控制旋转角度

如果只需要旋转某一角度，而不是 360 度，有两种处理方法：其一，在命令提示栏输入旋转角度；其二，用鼠标控制旋转角度。

■ 操作演示：用鼠标控制旋转角度

玻璃杯的制作很简单，具体操作方式如图 5-3-20 所示。

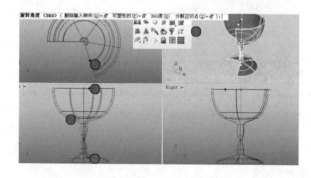

图 5-3-20

[1] 单击 ▧【旋转成型】①。

[2] 选取需要旋转的曲线（轮廓曲线）②。

[3] 选取旋转轴的两端点③④，后回车。

[4] 将鼠标移动到顶视图，这样移动鼠标就可

以很直观地看见旋转的角度了⑤。

**■ 点拨与技巧：保证旋转曲面光滑的技巧**

要确保曲面光滑，就必须确保旋转曲线上转折处的两点处在同一水平线上。如图 5 - 3 - 21，图中①②两点在同一水平线上，则得到光滑的旋转面；而③④两点不在同一水平面上，则旋转曲面为尖角。

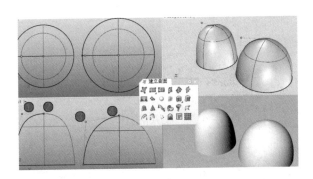

图 5 - 3 - 21

**2. 🔑右键【沿路径旋转】**

🔑右键【沿路径旋转】就是在旋转成型的基础上加了一个旋转路径的限制。这个成型方式可以和🔑左键【旋转成型】对比来理解，即两种方法建模需要的条件一样，都是一个轮廓线（断面线）、一个路径以及一条旋转轴，只不过🔑左键【旋转成型】的路径是一个 Rhino 默认的正圆，而右键🔑【沿路径旋转】的路径是任意曲线而已。

**■ 操作演示**

［1］右键单击🔑【沿路径旋转】①。

［2］选取需要旋转的曲线（轮廓曲线）②。

［3］选取路径曲线③。

［4］选取旋转轴的两端点④⑤，后回车，完成图形绘制，如图 5 - 3 - 22 所示。

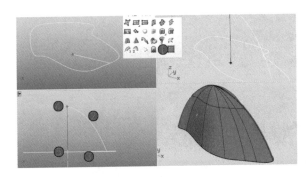

图 5 - 3 - 22

**■ 实例演示：制作果盘**

果盘的造型很优美，形态却不是很规则，仔细观察 Rhino 中的各种成型命令特征，发现运用🔑【沿路径旋转】可以实现该模型的创建，只不过这个路径是个空间曲线（果盘边缘轮廓线）。效果展示如图 5 - 3 - 23 所示。

图 5 - 3 - 23

［1］在 Top 视图中绘制椭圆，并在 Front 视图中将其调整成如图 5 - 3 - 24 所示曲线。

［2］在 Front 视图中，绘制断面曲线和轴线，如图 5 - 3 - 25 所示。

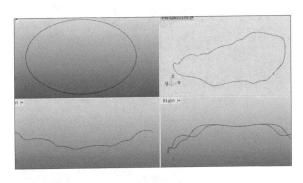

图 5 - 3 - 24

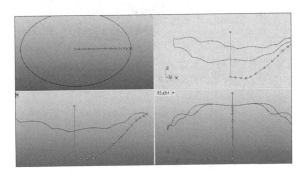

图 5 - 3 - 25

〔3〕右键单击 🔑【沿着路径旋转】，在命令提示栏选择（缩放高度＝是）①，再根据命令提示，先后选择轮廓曲线②、路径曲线③，打开物件锁点【端点】，依次捕捉旋转轴的起点④、终点⑤，右键确定，得到如图5-3-26所示图形。

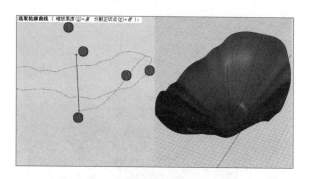

图5-3-26

〔4〕执行命令 🗂【偏移曲面】，得到如图5-3-27所示模型。

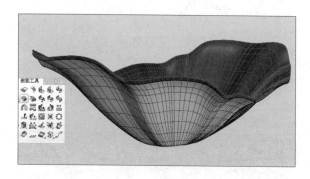

图5-3-27

〔5〕执行命令 🔧【混接曲面】，如图5-3-28所示。

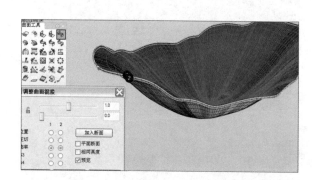

图5-3-28

〔6〕执行命令 🗂【抽离结构线】抽取两条结构线①，再执行 🔲【直线挤出】，如图5-3-29所示。

〔7〕在Front视图中绘制曲线，并执行命令 🔲【直线挤出】，生成如图5-3-30所示图形。

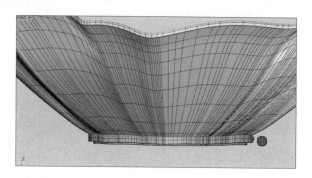

图5-3-29

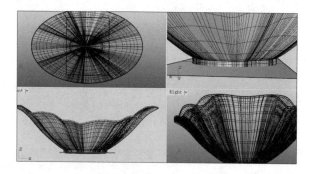

图5-3-30

〔8〕先后执行命令 🔲【分割】、🔩【组合】、🔳【不等距边缘圆角】，做出果盘底座，如图5-3-31所示。

图5-3-31

〔9〕果盘整体效果如图5-3-32所示。

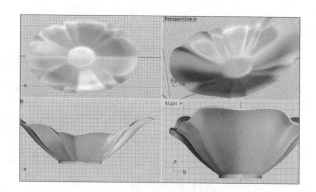

图5-3-32

### 5.3.3 　【放样】

　【放样】是通过断面曲线之间的平滑过渡来生成曲面。

每一个曲面上的结构线都可以称为 U 线或者 V 线，当我们只有一个方向的线条时，这一组同向线条可以直接平滑过渡生成曲面，这种方法叫LOFT。可以理解为：与这组曲线垂直的方向，有一条隐藏的曲线作轨道。

这里要重点理解一下放样选项的设置，下面用一个最简单的例子来讲解。如图 5-3-33 所示，场景中仅有三条曲线，现在对这三条曲线执行　【放样】。

图 5-3-33

#### 1. 造型

标准：这是运用得最多的一个选项，适用于建立比较平缓的曲面，或者断面距离较大时使用，如图 5-3-34 所示。

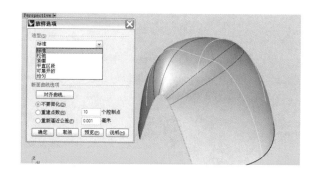

图 5-3-34

松弛：生成的曲面不会紧贴曲线，但是曲面的控制点会落到断面曲线的控制点上，建立比较平滑的放样曲面，如图 5-3-35 所示。

紧绷：放样曲面紧绷地通过断面曲线，如图 5-3-36所示。

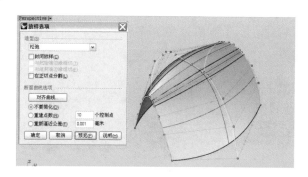

图 5-3-35

图 5-3-36

平直区段：放样曲面在断面曲线之间以平直面过渡，呈平直曲面，如图 5-3-37 所示。

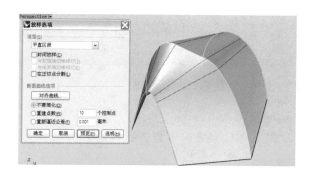

图 5-3-37

可展开的：对每一对断面曲线建立可展开的曲面或多重曲面，如图 5-3-38 所示。

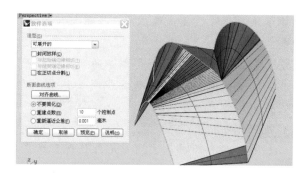

图 5-3-38

均匀：建立曲面的控制点对曲面都有相同的影响力，该选项用来建立多个结构相同的曲面，如图 5-3-39 所示。

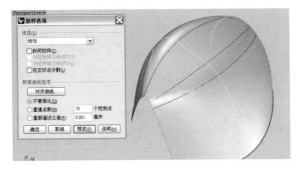

图 5-3-39

封闭放样：第一和最后一根曲线间也产生过渡，如图 5-3-40 所示，整个曲线组有①②③三条曲线，在封闭放样选项下，首尾两条曲线也产生过渡，即①③两条曲线也会产生过渡。

图 5-3-40

2. 断面曲线选项

主要是对生成的曲面进行一定的优化。优化主要有两种方式：以一定数量的控制点优化，或者用指定的公差重新匹配。在实际制作当中，用什么方式优化视曲面具体情况而定。

■ 点拨与技巧

[1] 顺序选择：在选取断面线时，应该按顺序连续选择，否则就会出现烂面，或者达不到建模的要求，如图 5-3-41 所示。

[2] 选取相同段位：点取线条的部位将决定线条参与过渡的顺序，在选取这些断面线的时候，一定要点取相同的方向，如图 5-3-42 所示，都选取断面线的右段。

在图 5-3-43 中，左图中是选取断面线右端时所成曲面，而右图则是在①②③选取断面线的右端、④选取左端，所以生成曲面是不一样的。

图 5-3-41

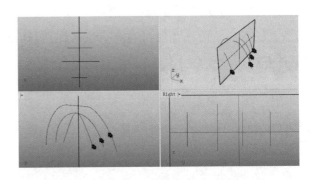

图 5-3-42

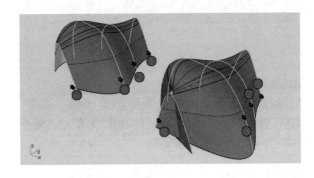

图 5-3-43

[3] 点也参与成形：在放样命令中，点也是可以参与成形的，如图 5-3-44 所示，点①②都可以参与成型。

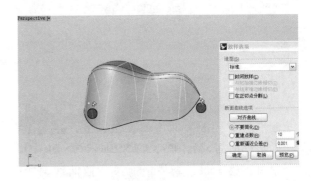

图 5-3-44

## 5.4　通过轨道和断面线建面

通过轨道和断面线来界定曲面的形状和边界，实现模型的创建。如果将断面曲线比喻成人体肋骨的话，轨道曲线则是贯穿其中的脊椎。

### 5.4.1　【单轨扫掠】

【单轨扫掠】可以看成是在上述通过断面曲线建面的基础上，再加上轨道来约束曲面造型。断面曲线和轨道曲线分别属于不同的 U、V 方向，如图 5-4-1 所示，执行【单轨扫掠】命令，以曲线为轨道，以三个圆为截面曲线，生成如图所示造型。

单轨扫掠选项中包含了调节成型的各项参数，如图 5-4-2 所示。

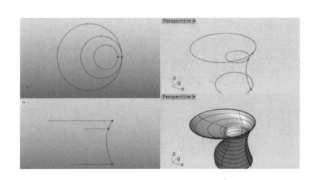

图 5-4-1

图 5-4-2

#### 1. 造型

造型选项中，曲线的生成方式有：自由扭转、走向 top\ front\ right 两种。

自由扭转：扫掠时，曲线会随路径曲线扭转。

走向 top\ front\ right：扫掠时，断面曲线与 top\ front\ right 实体平面的角度维持不变。

到底要选用哪一种，得根据具体情况。如图 5-4-3 "自由扭转"和图 5-4-4 "走向 Front"，两种选项得出的曲面是不一样的。

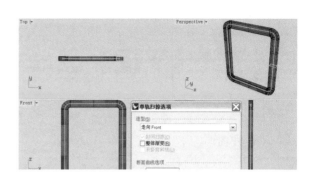

图 5-4-3

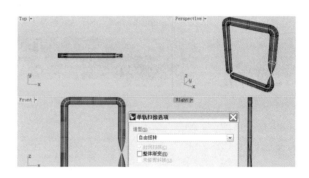

图 5-4-4

#### 2. 封闭扫掠

确定要不要建立封闭曲面。要求：路径为封闭曲面，且断面必须为两条或者两条以上的曲线。如图 5-4-5 所示，在勾选【封闭扫掠】选项后，曲面会自动封闭。

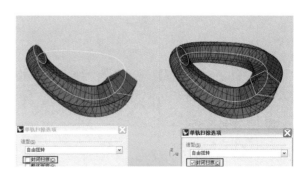

图 5-4-5

#### 3. 整体渐变

控制断面的总体变化。勾选这个选项后，曲面断面形状是从起点断面线到终点断面线，均匀地以线性渐变的方式进行；如果未勾选这个选项，则曲面断面形状在起点和终点的变化很小，在路径中间变化很大，呈不均匀性变化。

### 4. 未修剪斜接

这是针对多重曲面的。如果建立的曲面是多重曲面，勾选这个选项后，多重曲面中的各个曲面都是保持未修剪的曲面状态。

### 5. 不要简化

不对曲面的断面曲线进行简化。

### 6. 重建点数

在执行【单轨扫掠】时，分别以 10 个控制点和 4 个控制点来重建曲面，得到如图 5-4-6、图 5-4-7 两种曲面。

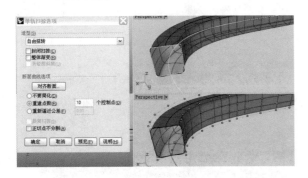

图 5-4-6

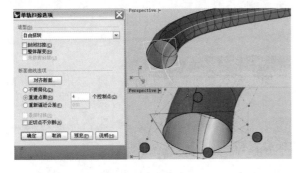

图 5-4-7

### 7. 以公差整修

使用【以公差整修】时，所有的断面曲线都会以三阶曲线重新逼近，使所有断面线结构一致。

### ■ 点拨与技巧

[1] 【单轨扫掠】选取断面线条时，要点击相同的部位，如：要点击断面线的左边就都点击左边，反之就都点击右边，这和 【放样】操作是一样的。

[2] 【单轨扫掠】如果轨道线方向变化很大，就需要在重要的转折部位增加一些截面。如

图 5-4-8 所示，要达到右图中的效果，仅仅靠左图的三条断面线是不能实现的，所以，要增加一些断面线，如图 5-4-8 右图所示。

图 5-4-8

### ■ 实例演示：椅子制作

如图 5-4-9 所示，该模型的创建很简单，主要是用该模型来巩固 【单轨扫掠】命令，通过实例的学习，让读者能熟练掌握 【单轨扫掠】的要点。

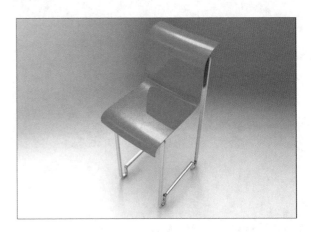

图 5-4-9

[1] 在 Front 视图中，绘制曲线①②，再执行命令 【2D 旋转】，如图 5-4-10 所示。

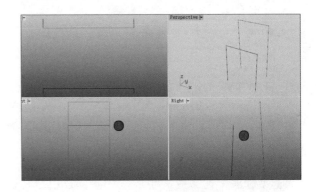

图 5-4-10

[2] 连接各条曲线，并调整其造型，如图 5-4-11 所示。

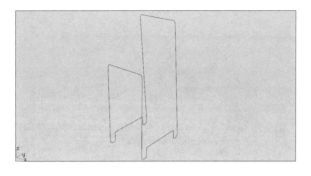

图 5-4-11

[3] 在 Right 视图中，绘制如图 5-4-12 所示断面图形。

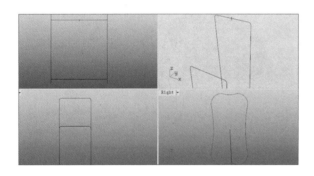

图 5-4-12

[4] 执行命令 【单轨扫掠】依次选择路径、断面曲线，最后单击右键（确定），并在弹出的"单轨扫掠选项"对话框中选择"自由扭转"，如图 5-4-13 所示。

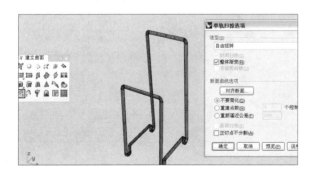

图 5-4-13

[5] 分别在 Top 视图和 Right 视图中绘制曲线①②，如图 5-4-14 所示。

[6] 执行命令 【单轨扫掠】依次选择路径①、断面曲线②，后单击右键，如图 5-4-15 所示。

[7] 执行命令 【偏移曲面】［实体（S）＝是］、 【不等距边缘圆角】，如图 5-4-16 所示。最后再绘制出钉子等小件物体。

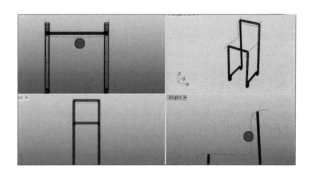

图 5-4-14

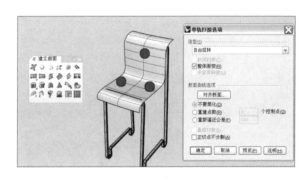

图 5-4-15

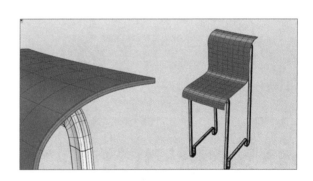

图 5-4-16

### 5.4.2 　【双轨扫掠】

【双轨扫掠】可以说是对 【单轨扫掠】的某些缺陷的一种补充，是在 【单轨扫掠】的基础上，再增加一条轨道，这样就对曲面成型多一些限制，从而使造型更符合我们的要求。

【双轨扫掠】需要两条轨迹，最少一条断面线，如图 5-4-17 所示，首先依次选取两个轨道②③，再依次选择截面④⑤，再确定完成。

在选定轨道和断面线后，点击确定，则会弹

出一个选项框，如图5-4-18所示。

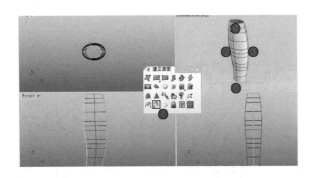

图5-4-17

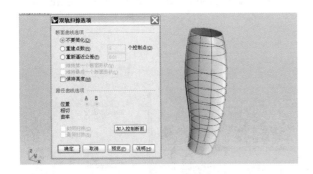

图5-4-18

场景中有一段曲面及边缘①②和两条曲线③④，并对其执行双轨扫掠命令，如图5-4-19所示。

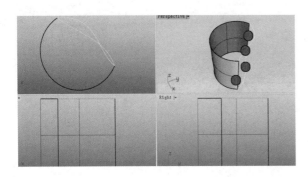

图5-4-19

**1. 维持第一段形状\维持最后一段形状**

生成曲面的起始边要与第一个断面曲线\最后一个断面曲线一致，但该命令只有当轨道线是曲面边缘时才会被激活。

如图5-4-20所示，当选择"维持第一个断面形状"和"位置"时，A、B两边缘处成G0连续。

如图5-4-21所示，当选择"维持第一个断面形状"和"相切"时，所生成的曲面会严格维

持第一个断面的形状③；同样的道理，如果选择"维持第二个断面形状"和"相切"，所生成的曲面会严格维持第二个断面的形状④。

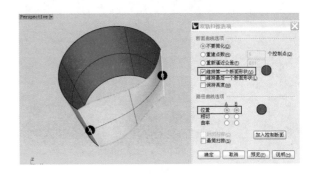

图5-4-20

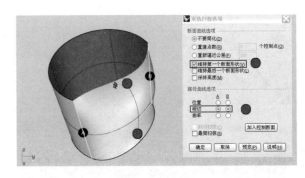

图5-4-21

**2. 路径曲线选项**

新生成曲面和周围两边曲面的连续性关系。

AB两边缘连接处选择"位置"时，则边缘连接处相当于G0连续，如图5-4-22所示。

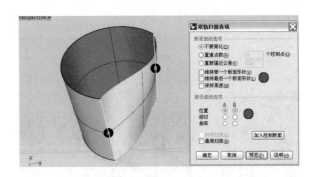

图5-4-22

AB两边缘连接处选择"相切"时，则边缘连接处相当于G1连续，如图5-4-23所示。

AB两边缘连接处选择"曲率"时，发现当B边缘选择"曲率"时，则A边缘被强行"位置"，说明当前条件下，AB两个边缘只能实现一边曲率（G2连续），反之亦然，如图5-4-24所示。

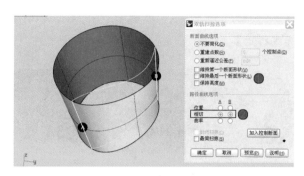

图 5-4-23

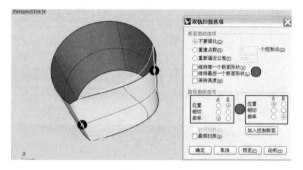

图 5-4-24

**3. 保持高度**

保持过渡曲面的高度比例。在预设的情况下，扫掠曲面的断面会随着两条路径曲线的间距缩放宽度和高度，该选项可以固定扫掠曲面的断面高度不随路径的间距缩放。

**4. 封闭扫掠**

自动连接封闭头尾。

■ 实例演示：花洒制作

花洒模型很简单，整体上可以分成三个部分，并且这三个部分都可以用 【双轨扫掠】来完成。有些部件也有更好的建模方式，这里为了练习这个命令，就尽量用该命令进行操作，具体效果如图 5-4-25 所示。

图 5-4-25

［1］在 Front 视图中绘制曲线①②，再在 Top 视图中绘制圆③④⑤⑥，在 Front 视图中执行命令 【2D 旋转】，将圆旋转到如图 5-4-26 所示位置。

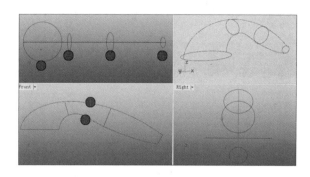

图 5-4-26

［2］执行命令 【双轨扫掠】，如图 5-4-27 所示。

图 5-4-27

［3］在 Front 视图中，绘制剪切直线，并修剪如图 5-4-28 所示。

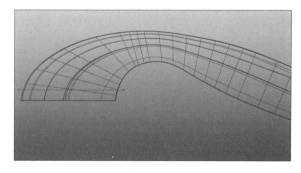

图 5-4-28

［4］在 Front 视图中，绘制断面圆①②③，再绘制轨道曲线④⑤，如图 5-4-29 所示。

［5］执行命令 【双轨扫掠】，以图 5-4-29 中④⑤为轨道、①②③为断面曲线，如图 5-4-30 所示。

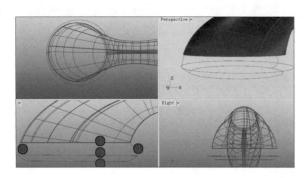

图 5-4-29

图 5-4-30

[6] 在 Front 视图中绘制曲线①和旋转轴②，并执行命令🔧【旋转成型】，如图 5-4-31 所示。

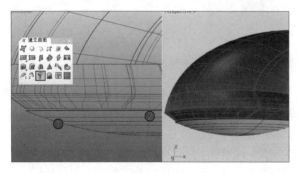

图 5-4-31

[7] 执行命令🔳【直线挤出】，沿竖直方向生成曲面①②，如图 5-4-32 所示。

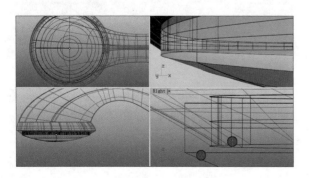

图 5-4-32

[8] 在 Top 视图中绘制圆，并执行命令🔳【直线挤出】，如图 5-4-33 所示。

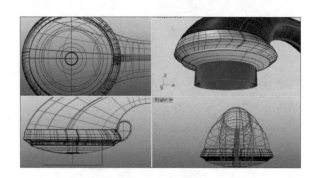

图 5-4-33

[9] 执行命令🔳【分割】、🔧【组合】、🔳【不等距边缘圆角】，如图 5-4-34 所示。

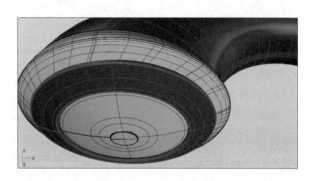

图 5-4-34

[10] 在 Top 视图中绘制如图 5-4-35 所示的圆形阵列。

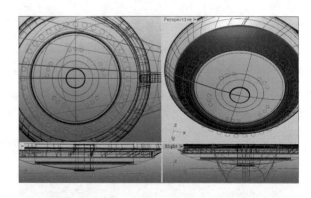

图 5-4-35

[11] 执行命令🔳【直线挤出】、🔘【布尔运算差集】、🔳【不等距边缘圆角】等，如图 5-4-36 所示。

[12] 花洒最后的造型如图 5-4-37 所示。

■ 点拨与技巧

[1] 轨道曲线、断面曲线属性（阶数，控制点

数，均匀程度）要尽量一样，这样生成的曲面的UV线会排列有序。

[2] 在路径的两端，点也可以参与建模。

图 5 - 4 - 36

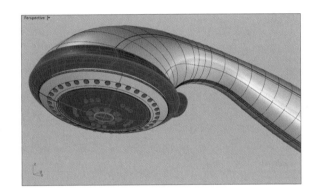

图 5 - 4 - 37

### 5.4.3 【从网格建立曲面】

【从网格建立曲面】可以看成是【双轨扫掠】的一种延伸，即在【双轨扫掠】的基础上，增加轨道的条数，就构成了多条断面线和多条轨道形成的 UV 网格，使各个方向都有骨骼，这样得到的曲面是最完整和精确的。如图5-4-38所示，这是 Rhino 官方自带的一个案例。

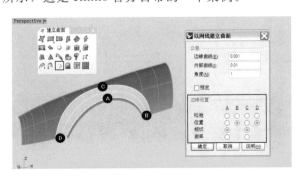

图 5 - 4 - 38

执行【从网格建立曲面】，选中 A、B、C、D 四条线后点击确定，弹出【以网格建立曲面】选项框，四条边都会默认本身能达到的最高阶连续，如图新生成的曲面与 A、C 为"相切"——G1 连续，B、D 为"位置"——G0 连续，也可以根据自己的需要进行修改。

【从网格建立曲面】选项中，主要有"公差"和"边缘设置"。

#### 1. 公差

边缘曲线 \ 内部曲线：设置逼近边缘曲线 \ 内部曲线的公差，体现边缘部位 \ 内部曲面的曲面精度。这两个值调大，将会减少曲面的复杂程度，如图 5 - 4 - 39 所示。

#### 2. 边缘匹配

四个方向上和周围曲面的匹配情况，即以什么样的连续去和周围曲面匹配。

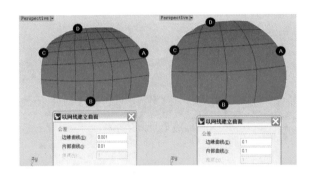

图 5 - 4 - 39

### ■ 点拨与技巧

[1] 用【从网格建立曲面】建模，可以得到相当理想的曲面，但该命令对曲线的要求也相当高，特别是对 UV 两个方向的曲线要求方向明确，如图 5 - 4 - 40 所示，是六条不规则的曲线。

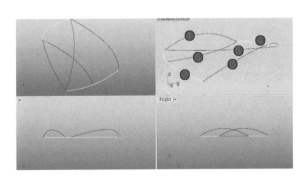

图 5 - 4 - 40

对于图 5 - 4 - 40 中的一系列曲线可以大致地

分成两个方向：②④一个方向；①③⑤⑥一个方向，但是曲线⑤⑥的 UV 方向不是太明确，所以在用 ▨【从网格建立曲面】时会出现如图 5-4-41 所示的问题。

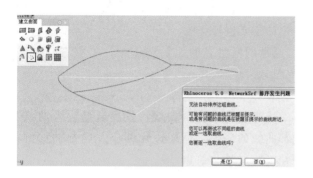

图 5-4-41

对于这种曲线 UV 方向不规则的曲线，用 ◈ 【嵌面】会更好。如图 5-4-42 所示，生成曲面，再将多余的部分减掉就能达到要求。

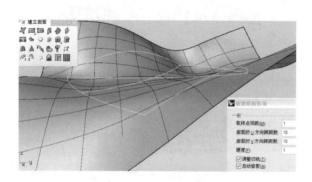

图 5-4-42

［2］所有在同一方向的曲线，不能和同一方向的曲线交错，但必须和另一方向上所有的曲线交错。如图 5-4-43 所示，六条空间曲线的 UV 方向不明确，特别是中间两条同方向曲线有空间交点①，执行 ▨【从网格建立曲面】后，弹出"不能自动排序"的话框，提示用手动排序，并选择"是"②。

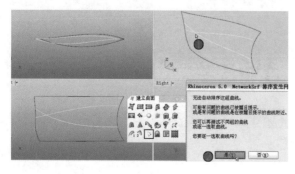

图 5-4-43

根据上述提示手动排序，如图 5-4-44 图 1 所示，将①②③④作为一个方向，另外两条线作为一个方向，这时命令提示栏提示"无法使用这个网格"，如图 2 所示，这就是曲线②④的交错问题。

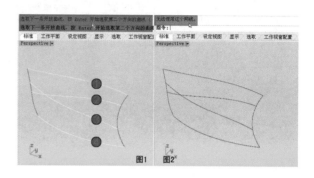

图 5-4-44

［3］高质量的网格会自动排序，如果手动选择，只需点击命令提示栏中的"不自动排序［N］"就可以依次选择一个方向的线条，完成后，回车结束，再选择下一个方向的线条，如图 5-4-45 所示。

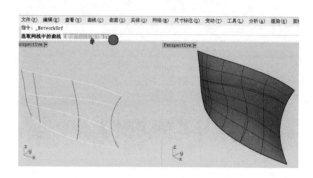

图 5-4-45

［4］三线网格：可以只有三根线条构成一个封闭网格曲面，如图 5-4-46 所示。这时候和边缘建模一样，但大多数情况下，还是需要排序正常的经纬网，也就是方向明确的 UV 线条。

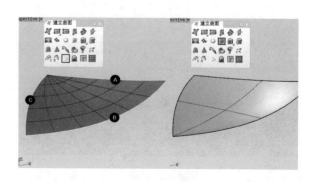

图 5-4-46

# 5.5　曲面的编辑

### 5.5.1　【曲面导角】

Rhino 中主要有曲面圆角、曲面斜角（等距和不等距）等四种形式的倒角，如图 5-5-1 所示。

图 5-5-1

【曲面圆角】：在两个曲面之间生成一个与原曲面相切的新曲面，如图 5-5-2 图 1 所示。

【曲面斜角】：在两个曲面之间生成一个与原曲面相交的新直面，如图 5-5-2 图 2 所示。

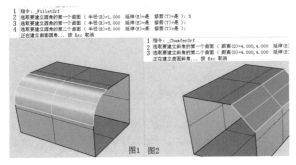

图 5-5-2

【不等曲面距圆角】：在两个曲面之间生成一个与原曲面相切且曲面半径不等的新曲面。

■ 操作演示

［1］单击图标，选取"做不等曲面距圆角的第一曲面和第二曲面"，如图 5-5-3 图①所示，半径默认为"1"，也可以根据需要自己改变。

［2］在命令提示栏中点击"新增控制杆"，如图 5-5-3 图②所示。

［3］移动控制杆，调节圆角大小，如图 5-5-3 图③所示。

［4］在命令提示栏中选择"修剪并组合"，如图 5-5-3 图④所示。

【不等距曲面斜角】：在两个曲面之间生成一个与原曲面相交且不等距的新曲面，其具体的

操作与"不等曲面距圆角"完全一样，参考图 5-5-3。

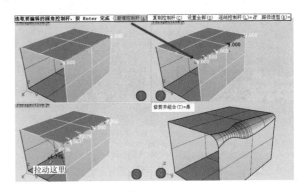

图 5-5-3

### 5.5.2　【偏移曲面】

偏移曲面指沿曲面法线方向，以指定的距离生成一个放大或者缩小的曲面，如图 5-5-4 所示。

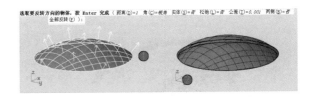

图 5-5-4

距离：设置偏移后的曲面与原曲面的距离。

实体：原曲面和新生成曲面的边缘连接，并组合成封闭的实体。

全部反转：反转所选曲面的偏移方向。

### 5.5.3　【混接曲面】

混接曲面就是在两个曲面之间创造出一个过渡曲面，并与原来的两个曲面呈 G0、G1、G2、G3 等连续，如图 5-5-5 所示。

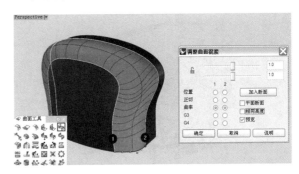

图 5-5-5

■ 点拨与技巧

［1］点击"插入曲面"可以对新生成的曲面的形态和 UV 线进行调节，如图 5-5-6 所示。

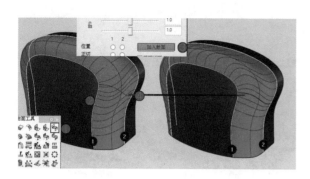

图 5-5-6

单击图标 【混接曲面】①，依次选择两条边缘②，点击插入断面③，并插入断面曲线④，这里可仔细观察其 UV 线的走向，发现插入断面曲线④后，其 UV 线发生了变化，也改变了造型。

[2] 当一条边缘是由几段构成，则应该依顺序点选，如图 5-5-7 所示，点选曲线应该依次从①到④，或者从④到①。

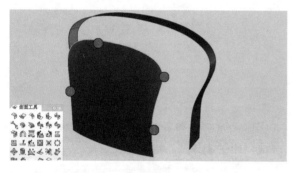

图 5-5-7

[3] 两条边缘应该以相同的方向点选（要从左到右就都从左到右，依此类推）。如图 5-5-8 所示，要从边缘线段①开始，则两条边缘都要从①开始。

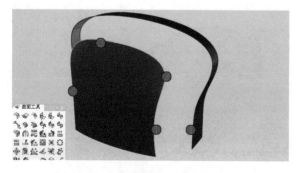

图 5-5-8

[4] 两条边缘最好由相同段数构成，如果段数不相同，则可以结合【边缘工具】将其变成相同。

如图 5-5-9 所示，边缘 A 由 4 段构成，而边缘 B 则只有一段，在曲面不是很复杂的情况下，可以生成比较理想的曲面，但是如果曲面比较复杂，生成曲面出现烂面的情况，则可以将边缘 B 也分成 4 段。具体操作如图 5-5-9 所示。

■ 操作演示：分割曲面边缘

[1] 单击图标 【显示边缘】，显示出 A、B 边缘，如图 5-5-9 ①所示。

[2] 单击图标 【分割边缘】，如图 5-5-9 ②所示。

[3] 打开物件锁点【端点】，如图 5-5-9 ③所示。

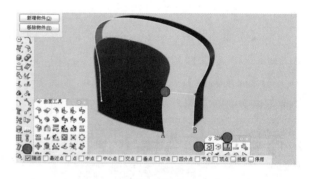

图 5-5-9

[4] 选择需要分割的边缘 B，捕捉到边缘 A 上相对应的点④，右键确定，完成分割，如法炮制，将边缘 B 分割成 4 段，再进行混接。

■ 实例演示：电风扇创建

【混接曲面】在 Rhino 中运用相当灵活，在造型方面，比 "简单曲面绘制" "通过边界建面" "通过横截面建面" "通过轨道和截面建面" 更加丰富。本例主要的难点在于电风扇模型整体形态的把握和对 【混接曲面】命令的灵活运用，其效果如图 5-5-10 所示。

图 5-5-10

［1］在 Top 和 Right 视图中，执行命令 ▦【控制点曲线】，绘制如图 5 - 5 - 11 所示两条曲线。

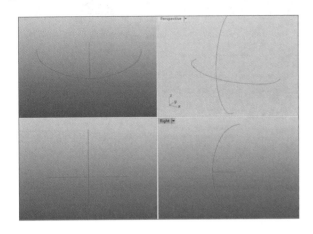

图 5 - 5 - 11

［2］执行命令 ◩【单轨扫掠】，依次选择路径和断面曲线，生成如图 5 - 5 - 12 所示的曲面。

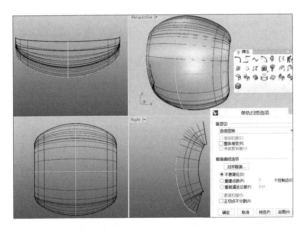

图 5 - 5 - 12

［3］在 Front 视图中绘制三条曲线①②③，并在 Right 视图中将其移动到合适的位置，如图 5 - 5 - 13所示。

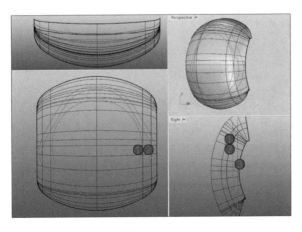

图 5 - 5 - 13

［4］在 Front 视图中，执行命令 ◩【修剪】，用曲线②去修剪曲面，并执行命令 ▣【直线挤出】，将曲线③挤出如图 5 - 5 - 14 所示曲面。

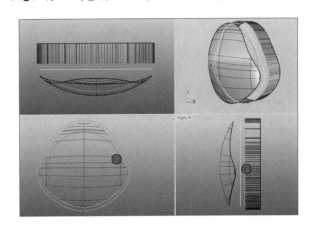

图 5 - 5 - 14

［5］执行命令 ◩【混接曲面】，连接两个曲面，并调节"调整曲面混接"选项，如图 5 - 5 - 15 所示。

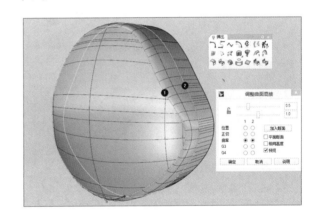

图 5 - 5 - 15

［6］在 Front 视图中绘制如图 5 - 5 - 16 所示的曲线①②，并在 Right 视图中将其移动到合适的位置。

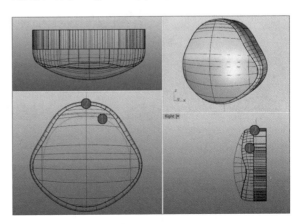

图 5 - 5 - 16

[7] 执行命令  【直线挤出】将曲线①挤出成曲面，再执行命令 【分割】、【组合】，如图5-5-17所示。

5-5-21所示。

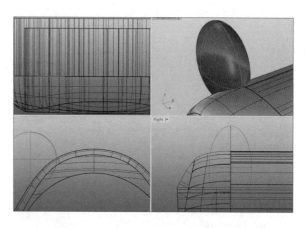

图 5-5-20

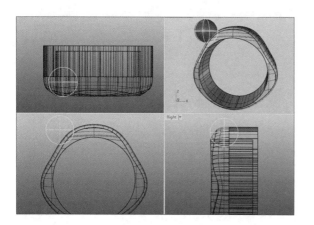

图 5-5-17

[8] 在 Front 视图中绘制球，如图5-5-18所示。

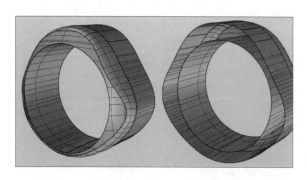

图 5-5-18

[9] 在 Right 视图中，向右移动球体如图5-5-19所示。

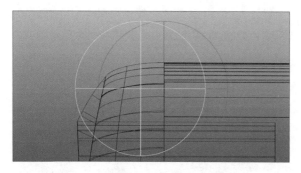

图 5-5-19

[10] 在 Right 视图中，打开物件锁点【中心点】捕捉球的中心，并执行命令 【单轴缩放】，如图5-5-20所示。

[11] 执行命令 【镜像】、【组合】，如图

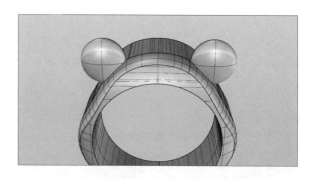

图 5-5-21

[12] 执行命令 【圆管（平头盖）】、【分割】，用圆管将电风扇分割开；再执行 【混接曲面】，得到如图5-5-22所示模型。

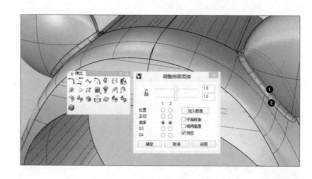

图 5-5-22

有一些地方倒角的时候，容易出现破面或者不成功的现象，这时候可以用" 【圆管（平头盖）】"命令来做圆弧面（模拟倒角）。但是在执行 【圆管（平头盖）】命令时却有很多不成功的地方，这时候就要进行变通处理，如下：

如图5-5-23所示，在这些地方倒角常常出现破面。

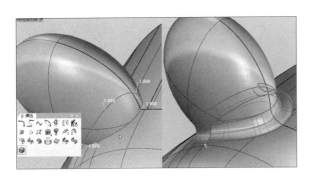

图 5 - 5 - 23

执行命令□【复制边界】，提取边界曲线如图 5 - 5 - 24 所示。

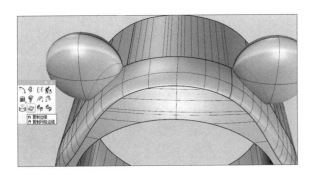

图 5 - 5 - 24

执行命令□【圆管（平头盖）】，可以看出创建圆管失败，如图 5 - 5 - 25 所示。

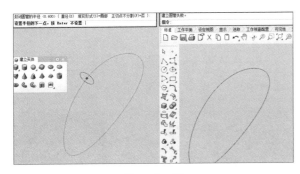

图 5 - 5 - 25

分析原因：打开曲线观察，可以发现在①②这些地方的曲线点太多，从③也可以看到，这个短短的曲线，竟然有 67 个 UV 点，这样就容易出现圆管断面冲突，如图 5 - 5 - 26 所示。

解决办法：让曲线在保持形状不变的前提下，重建曲线，让 UV 点简化，且排列更规律，如图 5 - 5 - 27 所示。

执行命令□【圆管（平头盖）】，生成圆管如图 5 - 5 - 28 所示，再执行命令□【分割】、□

【混接曲面】，这就实现了模拟倒角。

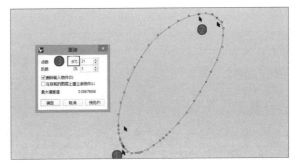

图 5 - 5 - 26

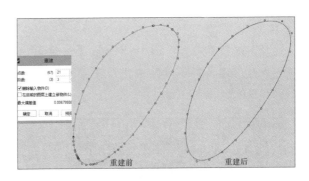

图 5 - 5 - 27

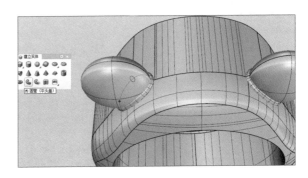

图 5 - 5 - 28

　[13] 绘制曲线，执行命令□【直线挤出】、□【分割】、□【组合】，如图 5 - 5 - 29 所示。

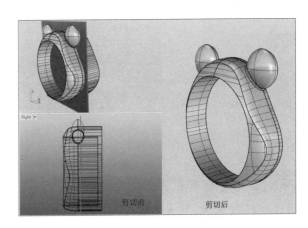

图 5 - 5 - 29

［14］在 Front 视图中绘制两个圆，并执行命令 📦【直线挤出】，如图 5-5-30 所示。

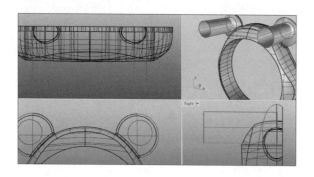

图 5-5-30

［15］执行命令 🔲【分割】、🧩【组合】、📦【不等距边缘圆角】等，再制作出旋钮开关，如图 5-5-31 所示。

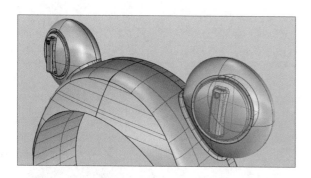

图 5-5-31

［16］在 Top 视图中绘制曲线①，在 Front 视图中绘制球②，如图 5-5-32 所示。

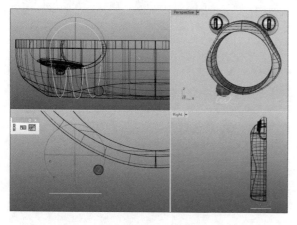

图 5-5-32

［17］先对曲线①执行命令 📦【直线挤出】，后对球体②执行命令 📊【单轴缩放】、🖊【2D 旋转】；再执行命令 🔱【镜像】、🌐【布尔运算联集】、📦【不等距边缘圆角】，如图 5-5-33 所示。

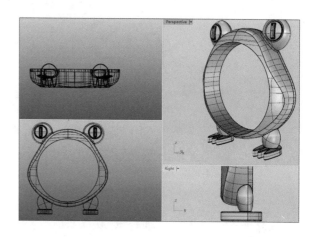

图 5-5-33

［18］在 Front 视图中，绘制如图所示三组曲线，如图 5-5-34 所示。

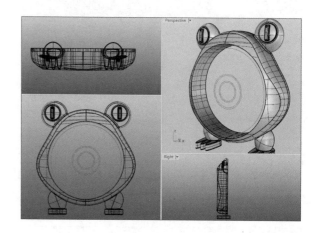

图 5-5-34

［19］执行命令 📦【直线挤出】、📐【放样】、🧩【组合】，如图 5-5-35 所示。

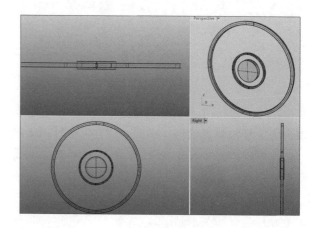

图 5-5-35

［20］执行命令 🔅【环形阵列】，如图 5-5-36 所示。

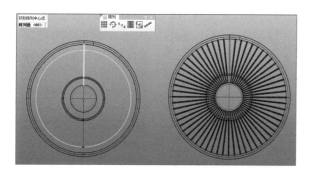

图 5 - 5 - 36

[21] 用相同的方法制作电风扇的后盖，并执行命令 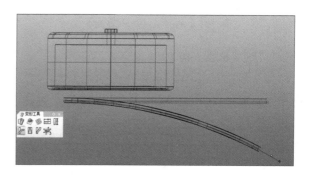 【不等距边缘圆角】等进行完善。如图 5 - 5 - 37 所示。

图 5 - 5 - 39

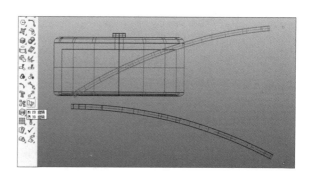

图 5 - 5 - 40

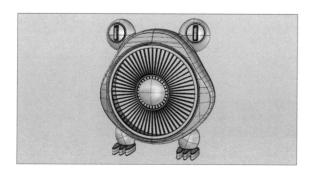

图 5 - 5 - 37

[22] 扇叶制作：在 Front 视图中，绘制如图 5 - 5 - 38 所示曲线，并执行命令 【直线挤出】。

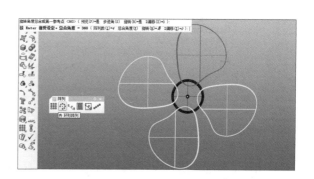

图 5 - 5 - 41

[26] 执行命令 【分割】、 【组合】，使 4 个扇叶成一个整体，如图 5 - 5 - 42 所示。

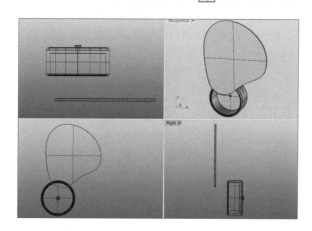

图 5 - 5 - 38

[23] 向上移动曲面，并执行命令 【弯曲】，如图 5 - 5 - 39 所示。

[24] 执行命令 【2D 旋转】，将扇叶移动、旋转到如图 5 - 5 - 40 所示位置。

[25] 执行命令 【环形阵列】，如图 5 - 5 - 41 所示。

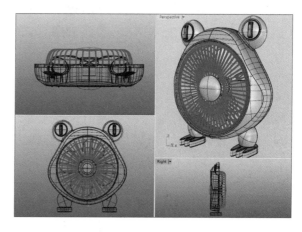

图 5 - 5 - 42

### 5.5.4 ⟨衔接与合并曲面⟩

#### 1. ⟨衔接曲面⟩

调节曲面的边缘，使两个曲面的相邻边缘严格重合，形成一定的连续性。两曲面的参数调节如图 5-5-43 所示；在连续性方面，位置、正切和曲率的演示如图 5-5-44 所示。

图 5-5-43

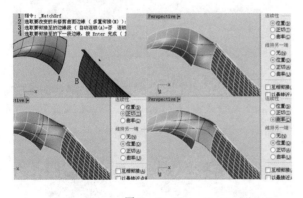

图 5-5-44

具体操作为单击图标 ⟨⟩，根据命令提示栏提示，选择需要改变的曲面的边缘（未经过修剪的），再选择目标曲面（可以是修剪的，也可以是没有修剪的），然后在弹出的对话框中根据自己的需要选择适当的参数。

注意：在选择曲面边缘的时候，必须选择相同的部位，如图 5-5-44 第一个图，要点击两个曲面的 A、B 两端才能正确地匹配。

#### 2. ⟨合并曲面⟩

将两个或者多个没有经过修剪且共享边缘的曲面合并在一起形成一个单一的曲面。在用这个命令前，一般先要将曲面的这两个边缘进行 ⟨⟩ ⟨衔接曲面⟩操作，以使这两个边缘能完美匹配，如图 5-5-45 所示。

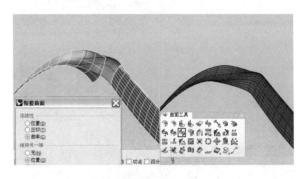

图 5-5-45

## 5.6 曲面连续性分析

曲面的连续性是表达两个曲面的位置关系，其主要的检查方法有曲率图形、曲率分析、环境贴图和斑马纹分析等，其中最常用的是斑马纹分析，如图 5-6-1 所示。斑马纹分析是通过对曲面的条纹（斑马纹）的连接性检查进行分析，确定两个曲面到底是 G0、G1 连续，还是 G2 连续。

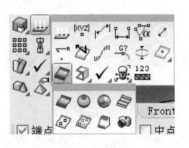

图 5-6-1

#### 1. G0 连续

如图 5-6-2 所示，可以看出曲面的斑马纹（黑色条纹部分）相互错开②，这就是呈 G0 连续。

#### 2. G1 连续

如图 5-6-3 所示，当将源文件"曲面连续性分 G0G1"通过 ⟨⟩ ⟨衔接曲面⟩①，并将其曲率选为"正切"②时，斑马线变为③，即斑马条纹连接，但是有夹角，这就说明两曲面呈 G1 连续。

图 5-6-2

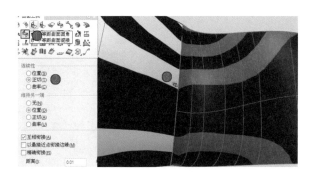

图 5-6-3

### 3. G2 连续

如图 5-6-4 所示，可以看出曲面的斑马纹（黑色条纹部分）斑马条纹平顺连接，没有夹角①，这就说明两曲面呈 G2 连续。

图 5-6-4

# 第6章 体的创建与编辑

本章通过对"体的创建与编辑"的学习，了解相关的命令操作，学会灵活运用这些命令快速、便捷地进行模型创建。重点掌握 【圆管（平头盖）】在模拟倒角中的运用。

**本章重难点**

1. 【圆管（平头盖）】在模拟倒角中的运用
2. 【挤出体创建】
3. 【布尔运算】

**涉及知识点**

标准体创建； 【挤出体创建】； 【圆管（平头盖）】； 【封闭的多重曲面薄壳】； 【布尔运算】； 【不等距边缘圆角】

多重曲面建模和实体建模是 Rhino 中最主要的两种建模方式，实体建模虽然没有多重曲面建模灵活，但是如果使用得当，也能起到事半功倍的效果。与"面的创建"和"面的编辑"相对应，体也分为"体的创建"和"体的编辑"两部分，如图 6-0-1 所示。

图 6-0-1

## 6.1 体的创建

体的创建主要分成标准体创建、挤出体创建和圆管创建三部分，如图 6-1-1 所示。

图 6-1-1

### 6.1.1 标准体创建

标准体的创建很简单，其操作方式和前面学的标准曲线的绘制一样，根据其要求条件进行操作即可，如图 6-1-2 所示。

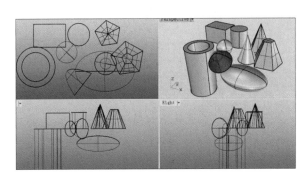

图 6-1-2

### 6.1.2　挤出体创建

挤出体的创建也分成两种形式：一种是直接由面挤出成体；另外一种就是从线挤出成体，如图 6-1-3 所示。

图 6-1-3

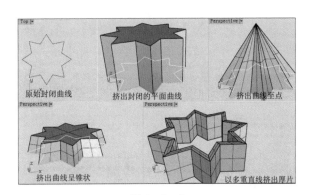【面挤出成体】和【直线挤出】，在使用方法上是一致的，唯一的区别是，【面挤出成体】是将平面挤出成体，【直线挤出】是将曲线挤出成曲面，如图 6-1-4 所示。

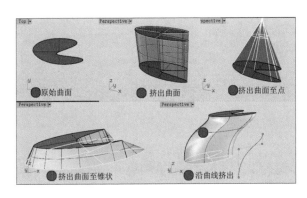

图 6-1-4

【线挤出成体】，是将曲线挤出成实体，如图 6-1-5 所示。

注意：【挤出封闭的平面曲线】，这个命令在字面意思的理解上会有偏差，下面来进行具体分析。

当挤出曲线是一个封闭的平面曲线时，执行【挤出封闭的平面曲线】，最后所得到的是一个封闭的体，如图 6-1-6 所示。

当挤出曲线是一个封闭的非平面曲线时，执行【挤出封闭的平面曲线】，最后所得到的是一个开口的曲面，如图 6-1-7 所示。

当挤出曲线是一个开口的平面曲线、开口的非平面曲线，执行【挤出封闭的平面曲线】，最后所得到的形体如图 6-1-8 所示。

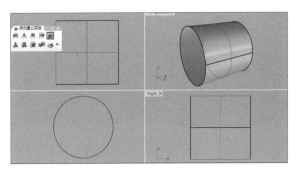

图 6-1-5

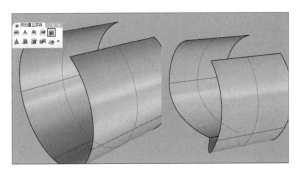

图 6-1-6

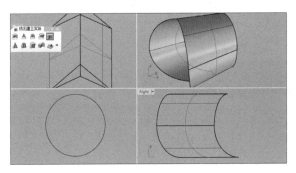

图 6-1-7

图 6-1-8

### 6.1.3 圆管

圆管是在 Rhino 中运用得比较灵活的一个命令，特别是有些棱角的倒角不是很理想的时候，用圆管剪切，再做弧面来模拟倒角会达到理想的效果。

圆管命令有 【圆管（平头盖）】、 【圆管（圆头盖）】，操作方式都差不多，但要注意：圆管的首位半径可以通过鼠标拖动来改变，也可以输入具体的数字，如图 6-1-9 所示。

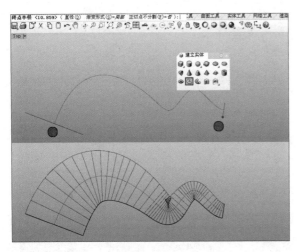

图 6-1-9

【环状体】的命令执行比较简单，单击鼠标确定位置、拖动鼠标至①确定中心半径、继续拖动鼠标确定环状体半径，进而完成环状体创建，如图 6-1-10 所示。

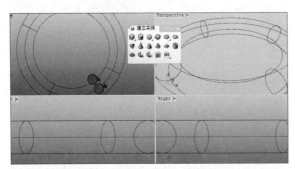

图 6-1-10

## 6.2 体的编辑

### 6.2.1 布尔运算

布尔运算主要有联集、差集、交集和分割四个部分，如图 6-2-1 所示。

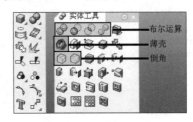

图 6-2-1

【布尔运算联集】：相交的两个物体，相交部分减去，不相交部分合并成一个整体，如图 6-2-2 所示。

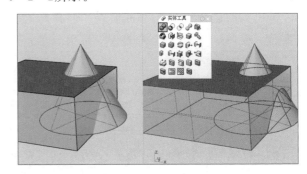

图 6-2-2

【布尔运算差集】：相交的两个物体，减去其中一个物体，则相交部分被减去，如图 6-2-3 所示。

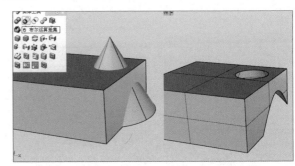

图 6-2-3

【布尔运算交集】：相交的两个物体，执行交集运算，则相交部分保留，其他部分消失，如图 6-2-4 所示。

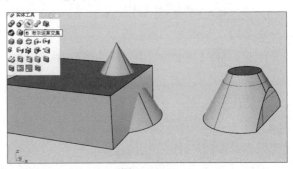

图 6-2-4

【布尔运算分割】：相交的两个物体，执行分割运算，则相交部分保留单独成型，而物体被分割成相交和不相交的两部分，如图 6-2-5 所示。

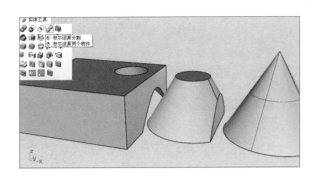

图 6-2-5

### 6.2.2 【薄壳】

【封闭的多重曲面薄壳】是在 Rhino5.0 以后出的一个命令，可以很方便地做出某些曲面的厚度，如图 6-2-6 所示。

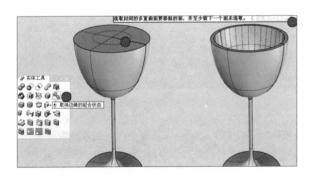

图 6-2-6

■ 操作演示

［1］单击 【封闭的多重曲面薄壳】①。

［2］更改薄壳厚度②。

［3］选择薄壳基准面③。

### 6.2.3 倒角

倒角一般有两种：【不等距边缘圆角】和【不等距边缘斜角】，其中【不等距边缘圆角】多用在倒圆角中，如图 6-2-7 所示。

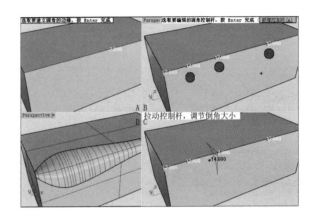

图 6-2-7

■ 操作演示

［1］选择所要建立圆角的边缘，并右键确定，A。

［2］在命令提示栏中，点击"新增控制杆"，然后增加控制杆①②③，单击右键确定，B。

［3］拉动控制杆，调节倒角大小，C。

# 第7章　产品综合实例 level 1

## 7.1　电熨刷

电熨刷是本书最简单的综合模型。通过模型的创建，学习综合模型创建的基本思路和方法，加深对 Rhino 命令的理解和掌握。

**本节重难点**

1. 模型倒角出现部分烂面的处理方法
2. 【双轨扫掠】

**涉及知识点**

【双轨扫掠】；【环形阵列】；【圆管（圆头盖）】；【旋转成型】；【布尔运算差集】；【偏移曲面】；【将平面洞加盖】

### 7.1.1　案例分析及结构说明

本案例将制作一个蒸汽电熨刷模型。如图7-1-1所示，从整体来看，模型可以分成"主体"①和"刷头"②两个部分进行创建。

认真观察模型，注意主体①的断面线的形状，如图7-1-2所示。

主体①的另外一端形状如图7-1-3所示。

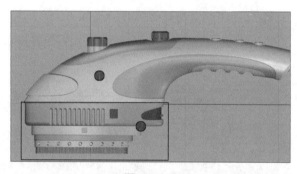

图 7 - 1 - 1

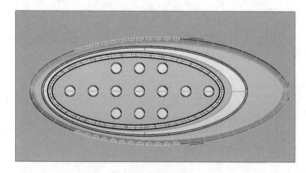

图 7 - 1 - 2

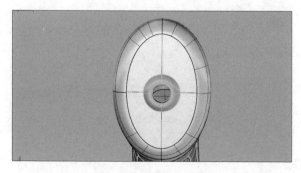

图 7 - 1 - 3

### 7.1.2　创建主体

（1）切换到 Front 视图，执行命令 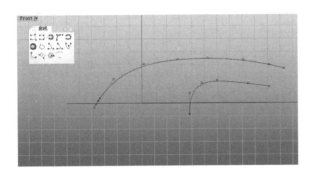【控制点曲线】，绘制如图 7-1-4 所示的电熨刷主体的轮廓线（模型的下边缘在水平面上，但是我们在绘制轮廓线的时候应该画长一些，便于模型的控制）。

图 7-1-4

（2）执行命令【椭圆：直径】，打开物件锁点【端点】，依次选择端点①②，并在 Top 视图中指定椭圆的短径③，绘制如图 7-1-5 所示的断面图形，并重复上面的步骤，绘制另外一条断面线④。

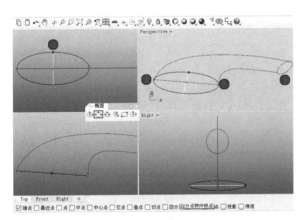

图 7-1-5

（3）执行命令【双轨扫掠】，依次选择第一条路径①、第二条路径②、断面曲线③、断面曲线④，最后单击右键（确定），并在弹出的"双轨扫掠选项"对话框中选择"不要简化"如图 7-1-6 所示。

（4）在水平面上绘制直线①，并剪掉直线下方多余的部分，如图 7-1-7 所示。

（5）执行命令【将平面洞加盖】，如图 7-1-8所示。

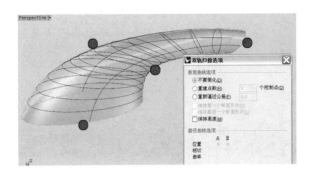

图 7-1-6

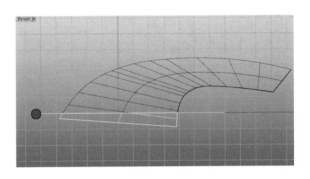

图 7-1-7

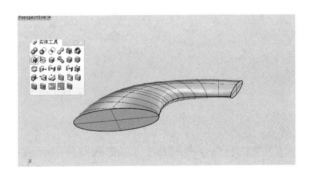

图 7-1-8

（6）执行命令【不等距边缘圆角】，半径分别为 0.1、0.2，如图 7-1-9 所示。

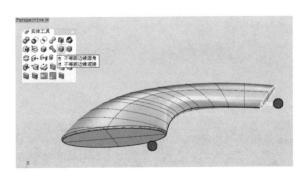

图 7-1-9

（7）执行命令【控制点曲线】绘制细节曲

线①；执行命令 【直线挤出】，沿水平面挤出曲面②；再执行命令 【分割】将模型分成两部分，如图 7-1-10 所示。

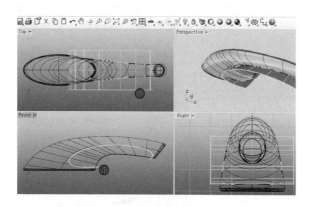

图 7-1-10

（8）执行命令 【修剪】，用模型主体去修剪掉挤出曲面②中多余的部分，如图 7-1-11 所示。

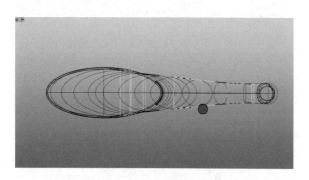

图 7-1-11

（9）执行命令 【组合】，将两部分组合成一个图形；对①执行命令 【不等距边缘圆角】，如图 7-1-12 所示。

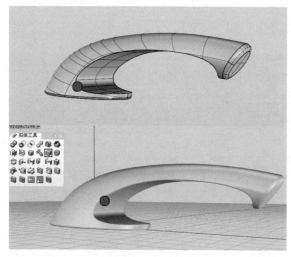

图 7-1-12

（10）将原来建主体的轮廓线重新提取出来，并执行命令 【双轨扫掠】，依次选择第一条路径①、第二条路径②、断面曲线③、断面曲线④，最后单击右键（确定），在弹出的"双轨扫掠选项"对话框中选择'不要简化'，如图 7-1-13 所示。

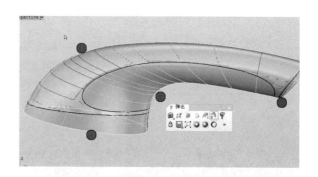

图 7-1-13

（11）执行命令 【偏移曲面】，将曲面向内偏移；注意偏移距离①、是否实体②、全部翻转③，操作如图 7-1-14 所示。

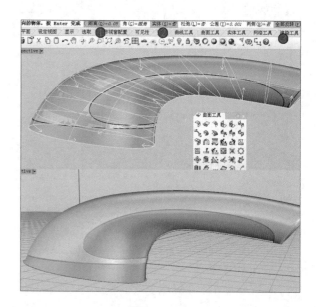

图 7-1-14

（12）执行命令 【修剪】，用曲线①将多余的部分剪掉，得出模型如图 7-1-15 所示。

以上三步也可以考虑用如下方法来做，但是这里却达不到我们的要求。执行命令 【偏移曲面】，将如图曲面向内偏移，具体距离根据自己的实际情况而定，在这要注意偏移距离①、是否实体②、全部翻转③，操作如图 7-1-16 所示。观察偏移后的模型，发现偏移部分整体尺寸缩小，如图 7－1－17 所示，在图①②处有缝隙，而且这缝隙补起来比较麻烦，所以这里不能用这种方法。

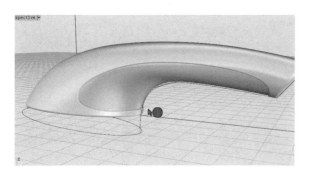

图 7－1－15

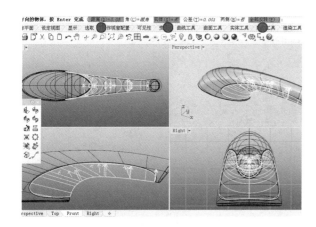

图 7－1－16

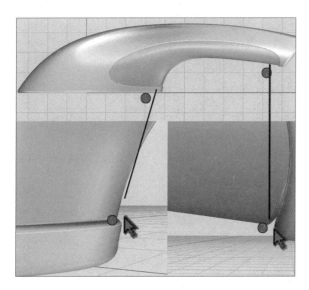

图 7－1－17

（13）制作把手处凸凹：绘制曲线，并执行命令 🔲【直线挤出】，制作曲面①，并执行命令 📐【分割】，用曲面①将把手凸凹部分分割成②③两部分，如图 7－1－18 所示。

（14）执行命令 ✂【修剪】，用把手曲面修剪挤出曲面，再执行 🧩【组合】、📦【不等距边缘圆角】，如图 7－1－19 所示。

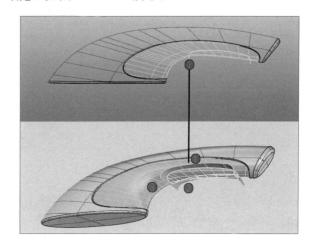

图 7－1－18

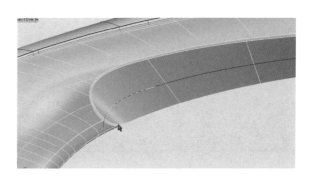

图 7－1－19

（15）执行命令 🔶【偏移曲面】，注意这里选择"实体（S）＝是"①，如图 7－1－20 所示。

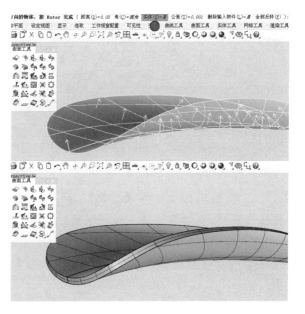

图 7－1－20

（16）执行命令◉【不等距边缘圆角】①，如图 7-1-21 所示。

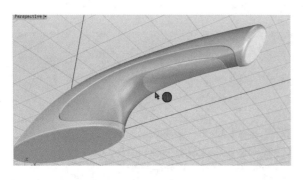

图 7-1-21

（17）绘制曲线，并执行命令◼【直线挤出】，如图 7-1-22 所示。

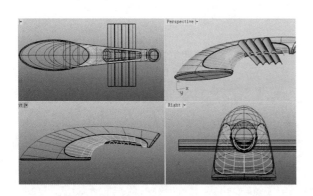

图 7-1-22

（18）交替执行命令▱【分割】，作出如图 7-1-23所示造型。

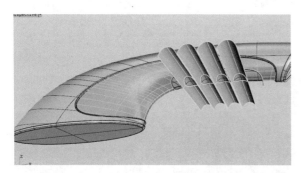

图 7-1-23

（19）先后执行命令◈【组合】、◉【不等距边缘圆角】，作出如图 7-1-24 所示造型。

（20）在 Front 视图中，绘制曲线①②，并执行命令◼【直线挤出】生成曲面，如图 7-1-25 所示。

（21）用挤出曲面①②去分割模型，得到如图

7-1-26 所示造型。

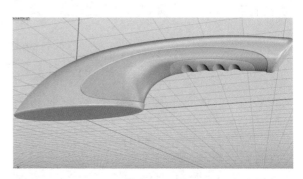

图 7-1-24

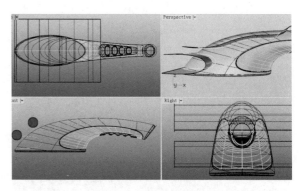

图 7-1-25

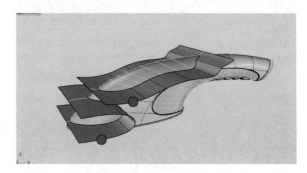

图 7-1-26

（22）对曲线①执行命令◩【偏移】，点击"通过点（T）"就可以任意选择偏移的距离，如图 7-1-27 所示。

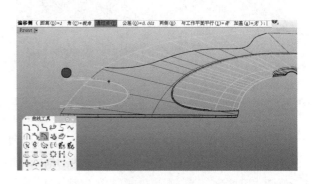

图 7-1-27

（23）对如图曲面执行命令 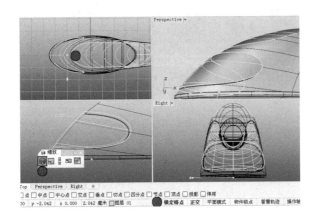【三轴缩放】，具体操作注意：先点击命令图标【三轴缩放】①，再打【正交】②，在顶视图中捕捉曲面中心格点③，缩放到理想的大小，如图 7 - 1 - 28 所示。

图 7 - 1 - 28

（24）利用刚才偏移生成的曲线将多余的曲面修剪掉，如图 7 - 1 - 29 所示。

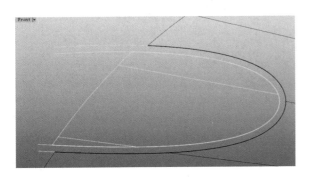

图 7 - 1 - 29

（25）执行命令【混接曲面】，连接两个曲面：这里注意在②的地方 UV 线不规则，点击"加入断面"选项①，在需要的地方加入断面线，达到优化曲面的目的，如图 7 - 1 - 30 所示。

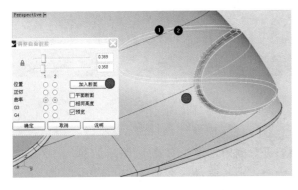

图 7 - 1 - 30

（26）先后执行命令【组合】、【不等距边缘圆角】，做出如图 7 - 1 - 31 造型。

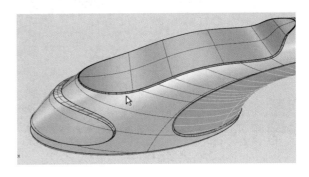

图 7 - 1 - 31

（27）执行命令【偏移曲面】，注意这里选择"实体（S）＝是"，如图 7 - 1 - 32 所示。

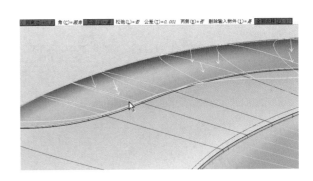

图 7 - 1 - 32

（28）执行命令【不等距边缘圆角】并设置适当的半径，如图 7 - 1 - 33 所示。

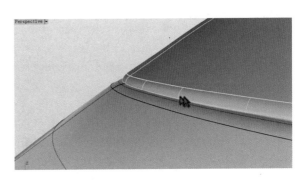

图 7 - 1 - 33

（29）在 Front 视图中，绘制如图曲线，并执行命令【直线挤出】生成曲面，如图 7 - 1 - 34 所示。

（30）先后执行命令【分割】、【组合】、【不等距边缘圆角】，如图 7 - 1 - 35 所示。

至此，模型的主体外轮廓就完成了，下面进行主体细节制作。

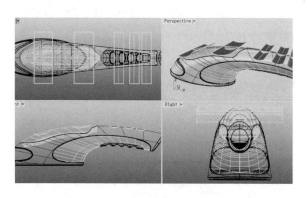

图 7 - 1 - 34

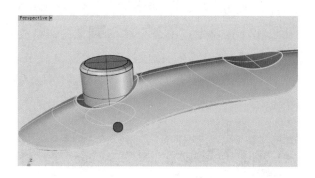

图 7 - 1 - 37

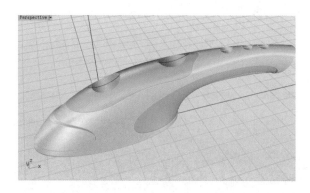

图 7 - 1 - 35

### 7.1.3　创建按钮

（1）旋钮制作：在顶视图（Top）中绘制如图 7 - 1 - 36 所示圆①；打开物件锁点【最近点】，以圆①的边为圆心绘制小圆②，并执行命令 █ 【环形阵列】，以圆形①的圆心为阵列中心，输入个数为"6"。

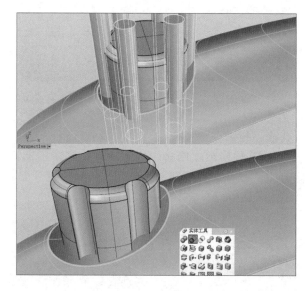

图 7 - 1 - 38

（4）制作矩形平面，调节适当位置（如①的位置，否则旋钮旋转不了），并执行命令 █ 【分割】，如图 7 - 1 - 39 所示。

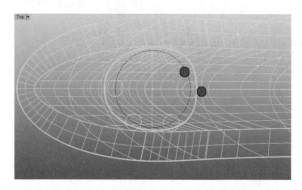

图 7 - 1 - 36

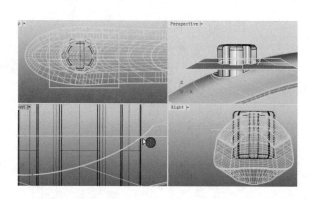

图 7 - 1 - 39

（2）对曲线①执行命令 █ 【直线挤出】、█ 【不等距边缘圆角】，如图 7 - 1 - 37 所示。

（3）对曲线②及其整列曲线执行命令 █ 【直线挤出】、█ 【布尔运算差集】，如图 7 - 1 - 38 所示。

（5）对这两部分执行命令 █ 【不等距边缘圆角】进行倒角，但是如果在倒角的过程中出现一些烂面，则需要进行变通处理。如图 7 - 1 - 40 所示，倒角的时候发现①处的曲面是烂面，而②③

处又没有问题，观察到这个造型是个中心对称图形，则可以取其中倒角没有问题的四分之一来进行对称复制，如④所示。

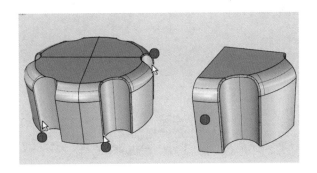

图 7-1-40

（6）最后得出图形如图 7-1-41 所示。

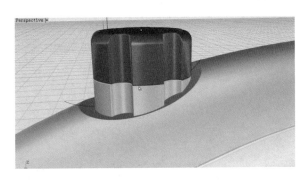

图 7-1-41

（7）对①②两部分执行命令 🔘【布尔运算联集】，并对整个开关执行命令 🔲【不等距边缘圆角】，如图 7-1-42 所示。

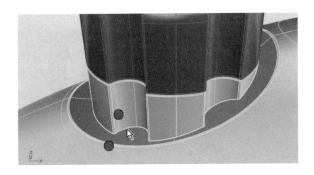

图 7-1-42

（8）重复刚才的操作，绘制旋钮和旋钮上的直线段，执行命令 🔘【圆管（圆头盖）】，并将圆管设置为相同的起点半径和终点半径（等粗），如图 7-1-43 所示。

（9）对圆头管进行阵列复制，执行命令 🔘【环形阵列】，以旋钮中心为阵列中心，输入个数

为"9"，如图 7-1-44 所示。

图 7-1-43

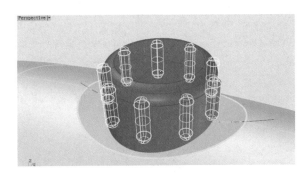

图 7-1-44

（10）执行命令 🔘【布尔运算联集】和 🔲【不等距边缘圆角】，如图 7-1-45 所示。

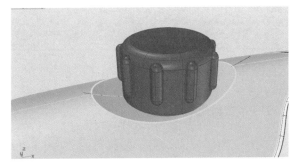

图 7-1-45

（11）制作分模线：隐藏旋钮，对绘制旋钮的曲线执行命令 🔲【直线挤出】，如图 7-1-46 所示。

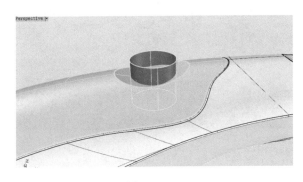

图 7-1-46

（12）执行命令 【分割】，用挤出的曲面和体相互分割，并将分割后的挤出面和体执行命令 【组合】、【不等距边缘圆角】，得出如图7-1-47所示造型。

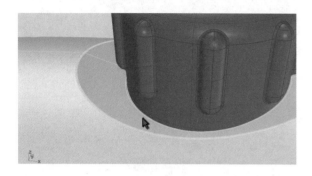

图7-1-47

（13）采用相同的方法制作其后的三个按钮，如图7-1-48所示。

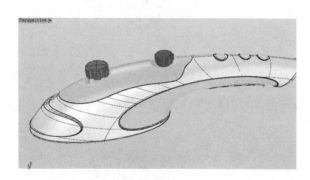

图7-1-48

### 7.1.4 创建刷头

（1）绘制刷头曲线①，并执行命令【直线挤出】、【不等距边缘圆角】，如图7-1-49所示。

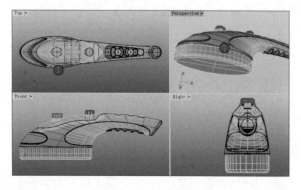

图7-1-49

（2）在刷头外轮廓上绘制直线段，并执行命令【圆管（圆头盖）】，设置相同的"起点半径"和"终点半径"，如图7-1-50所示。

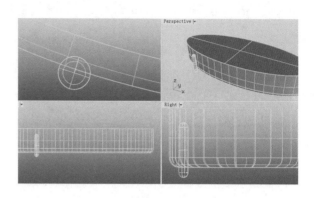

图7-1-50

（3）执行命令【抽离结构线】，如图7-1-51。

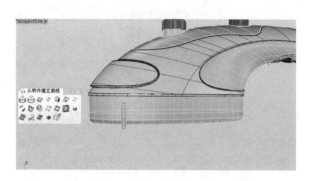

图7-1-51

（4）在Right视图中绘制两个平面，执行命令【分割】，并将抽离的曲线分割，如图7-1-52所示。

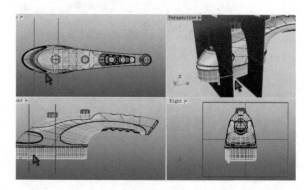

图7-1-52

（5）执行命令【沿曲线阵列】，以圆管为单体，剪切后的结构曲线为"路径曲线"，阵列个数为12，如图7-1-53所示。

（6）执行命令【镜像】，将圆管镜像到刷头的另外一边，如图7-1-54所示。

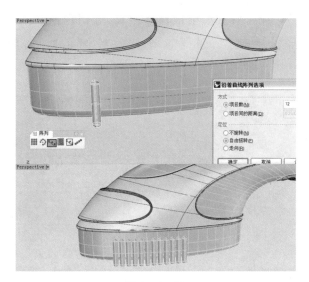

图 7 - 1 - 53

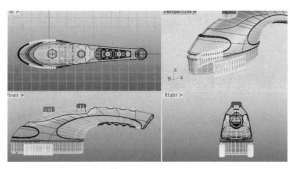

图 7 - 1 - 54

（7）执行命令 【布尔运算差集】、 【不等距边缘圆角】，如图 7 - 1 - 55 所示。

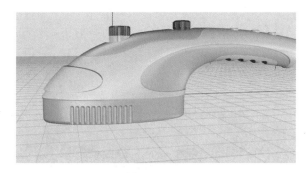

图 7 - 1 - 55

（8）执行命令 【偏移曲面】，将刷头曲面向里偏移一个，注意这里选择"实体（S）＝否"，如图 7 - 1 - 56 所示。

（9）绘制剪切曲线①，如图 7 - 1 - 57 所示。

（10）先后执行命令 【直线挤出】、 【分割】、 【组合】、 【不等距边缘圆角】，如图 7 - 1 - 58 所示。

（11）制作卡键：用同样的方法制作卡键①

②，如图 7 - 1 - 59 所示。

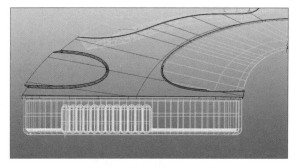

图 7 - 1 - 56

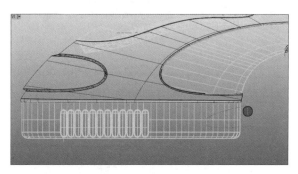

图 7 - 1 - 57

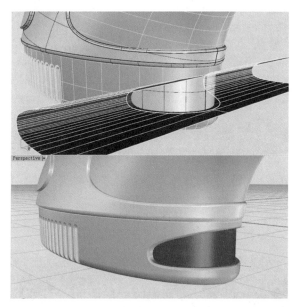

图 7 - 1 - 58

图 7 - 1 - 59

（12）执行命令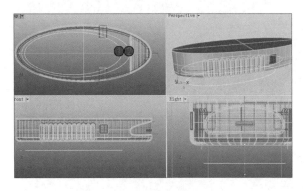【椭圆：直径】，结合"物件锁点"绘制曲线①②，如图 7-1-60 所示。

样】，让两条曲线生成圆环平面，再执行命令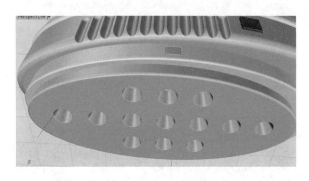【挤出平面】、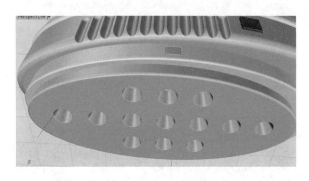【不等距边缘圆角】，如图 7-1-64 所示。

图 7-1-60

（13）对曲线①②先后执行命令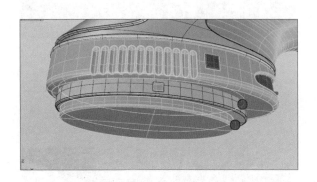【直线挤出】、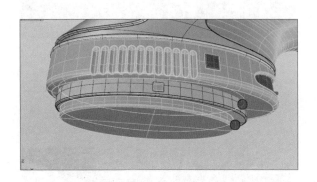【分割】、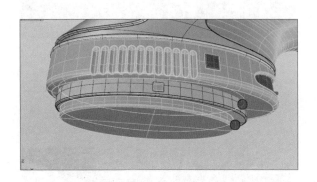【组合】、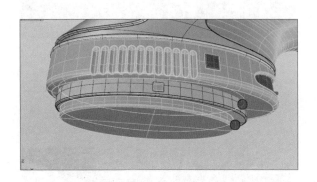【不等距边缘圆角】，如图 7-1-61 所示。

图 7-1-61

（14）制作气孔：绘制曲线①，并执行命令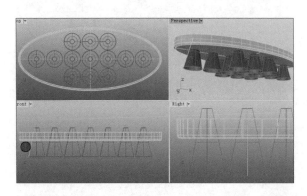【旋转成型】生成旋转体，复制并移动旋转体到适当的位置，如图 7-1-62 所示。

图 7-1-62

（15）执行命令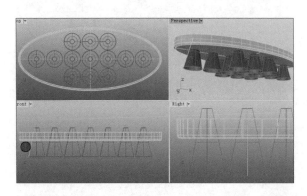【布尔运算差集】和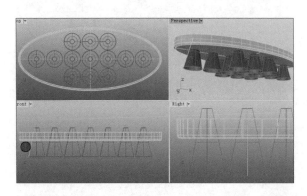【不等距边缘圆角】，如图 7-1-63 所示。

（16）绘制如图曲线①②，并执行命令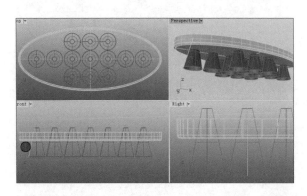【放

图 7-1-63

图 7-1-64

（17）重复上面的操作，绘制曲线，执行命令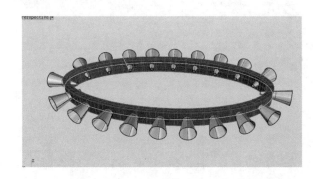【旋转成型】生成旋转体，再对旋转体执行命令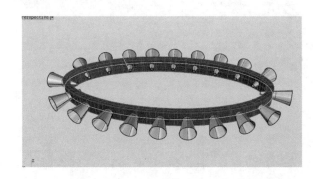【沿曲线阵列】，如图 7-1-65 所示。

图 7-1-65

（18）执行命令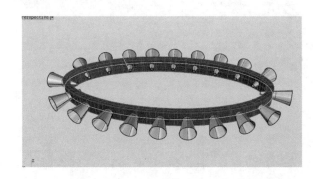【布尔运算差集】和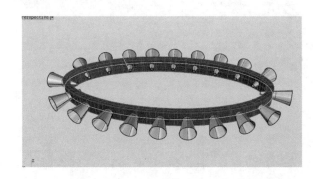【不等距边缘圆角】，如图 7-1-66 所示。

（19）绘制如图曲线，并执行命令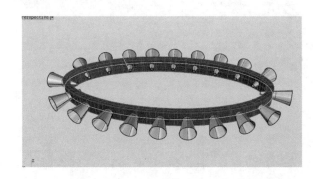【圆管（圆头盖）】，如图 7-1-67 所示。

（20）执行命令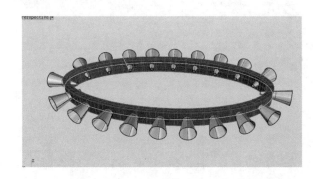【沿曲线阵列】，以圆管①为单体，曲线②为"路径曲线"，阵列个数为

"200"，如图 7 - 1 - 68 所示。

图 7 - 1 - 66

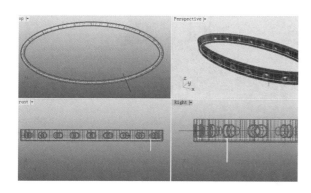

图 7 - 1 - 67

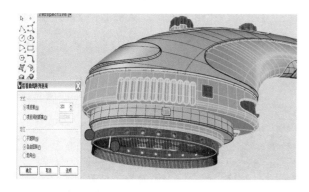

图 7 - 1 - 68

（21）制作主体的厚度：执行命令 【偏移曲面】，选择"实体（S）＝是"，如图 7 - 1 - 69 所示。

（22）制作电线接口：执行命令 【控制点曲线】绘制轮廓曲线①和轴线②，如图 7 - 1 - 70 所示。

（23）执行命令 【旋转成型】、 【布尔运算差集】，得到如图 7 - 1 - 71 的造型。

（24）至此，蒸汽电熨刷的整体造型就完成了，如图 7 - 1 - 72 所示。

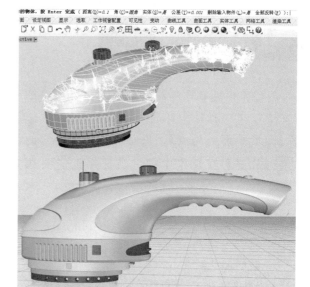

图 7 - 1 - 69

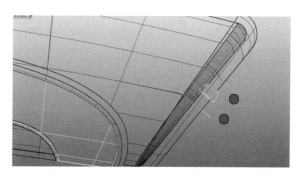

图 7 - 1 - 70

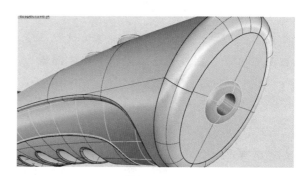

图 7 - 1 - 71

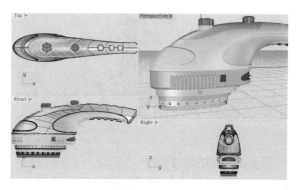

图 7 - 1 - 72

## 7.2　冰箱臭氧除臭器

创建冰箱臭氧除臭器这个模型，有很多细节需要注意，特别要认真揣摩渐削面的创建方式，▦【矩形平面对角点】、只有两条曲线参与的简单▨【放样】在建模中的灵活运用也需要认真学习。

**本节重难点**

1. 渐削面的做法
2. ▨【放样】、▦【矩形平面对角点】的灵活使用
3. ▣【退回已修剪曲面】

**涉及知识点**

▨【可调式混接曲线】；▨【放样】；▨【偏移曲面】；▨【调整封闭曲面的接缝】；▣【退回已修剪曲面】；▨【分割边缘】；▨【混接曲面】

### 7.2.1　案例说明及结构分析

如图 7-2-1 所示，从整体来看，冰箱臭氧除臭器模型可以分成外壳①、主体②、面部③、底座④等四个部分进行创建。

图 7-2-1

### 7.2.2　创建外壳模型

冰箱臭氧除臭器外壳，可以通过剪切一个完

整形而获得。建模的主要难点就是对这个轮廓的理解和把握，需要注意的是，其侧面线不是直线而是弧线，如图 7-2-2②，其前后两面也是弧面，如图 7-2-2①③。

图 7-2-2

所以，根据模型特点，执行命令▨【从网格建立曲面】，用前后左右四条边线和上下底线就可完成此造型。因此，外壳模型创建的首要任务就是创建这六条曲线。

（1）将视图切换到 Top 视图，以坐标中心为圆心，执行命令◉【椭圆：从中心点】，绘制如图 7-2-3 的椭圆曲线，删除中间的两节点①，并将椭圆向上移动到合适的位置。

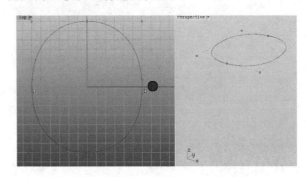

图 7-2-3

（2）调整椭圆形状：选中控制点①，单击命令▤【单轴缩放】②，打开物件锁点【正交】③，选择竖直轴线上的格点为"基点"（也就是缩放中心点）④，再次点击"锁定格点"（关掉格点锁定）⑤，拖动鼠标执行缩放。如图 7-2-4 所示。

（3）用同样的方法进行反复调节，调节出如图 7-2-5 所示的两个曲线。

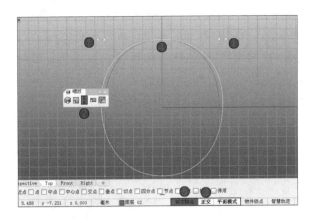

图 7 - 2 - 4

图 7 - 2 - 7

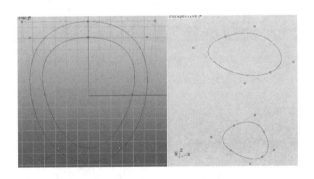

图 7 - 2 - 5

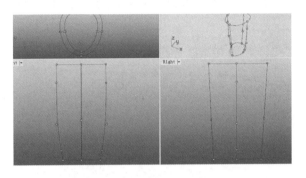

图 7 - 2 - 8

（4）执行命令▦【矩形平面对角点】绘制出如图 7 - 2 - 6 所示的平面，并执行命令▨【物件交集】，获得曲线与平面的交点。

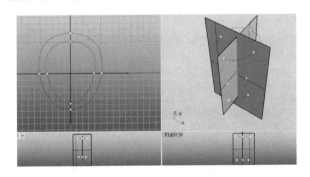

图 7 - 2 - 6

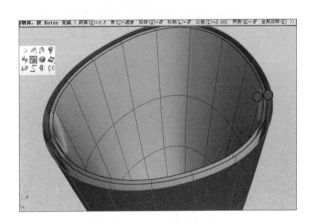

图 7 - 2 - 9

（8）将最内部的曲面复制一个并隐藏，以便下一步绘制主体用。

（9）将视图切换到 Right 视图，执行命令▩【控制点曲线】绘制曲线①，再执行命令▨【偏移】，生成曲线②③，调节曲线②③，如图 7 - 2 - 10 所示。

（10）先后执行命令▨【修剪】，如图 7 - 2 - 11 所示。

（11）显示第八步隐藏的曲面，执行命令▧【放样】、▨【组合】、▨【不等距边缘圆角】，如图 7 - 2 - 12 所示。

（5）执行命令▢【内插点曲线】，过图示几点，绘制出如图 7 - 2 - 7 所示的曲线。

（6）选中刚绘制的 6 条曲线，执行命令▨【从网格建立曲面】，生成如图 7 - 2 - 8 所示的曲面。

（7）执行命令▨【偏移曲面】，注意这里选择"实体（S）＝否"，分别以距离＝0.5、距离＝0.3 偏移曲面，绘制①②，如图 7 - 2 - 9 所示。

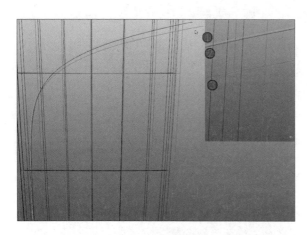

图 7 - 2 - 10

图 7 - 2 - 11

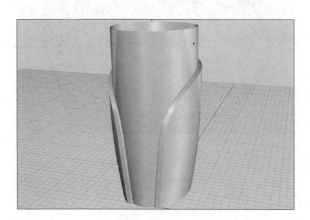

图 7 - 2 - 12

### 7.2.3　创建主体模型

（1）在 Right 视图中绘制曲线，执行命令 ▣【修剪】，如图 7 - 2 - 13 所示。

（2）执行命令 ▣【复制边界】，生成边缘线①，如图 7 - 2 - 14 所示。

（3）在 Right 视图中，向上移动曲线；在 Top 视图中，打开物件锁点【格点】，以格点①为中

心，执行命令 ▣【二轴缩放】，将曲线②缩放到适当大小，再回到 Right 视图，执行命令 ▣【2D 旋转】，将曲线②调整至③的位置，如图 7 - 2 - 15 所示。

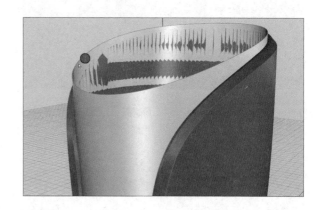

图 7 - 2 - 13

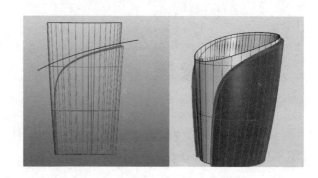

图 7 - 2 - 14

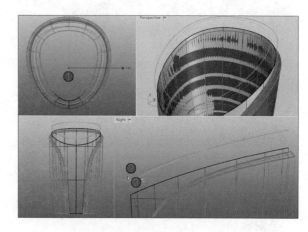

图 7 - 2 - 15

（4）重复上一步的步骤，绘制曲线④，如图 7 - 2 - 16所示。

（5）执行命令 ▣【放样】，如图 7 - 2 - 17 所示图形。

（6）执行命令 ▣【不等距边缘圆角】将这几

个部分倒角，如图 7 - 2 - 18 所示。

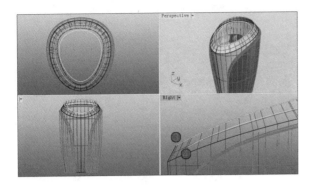

图 7 - 2 - 16

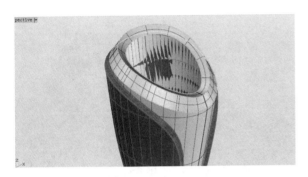

图 7 - 2 - 17

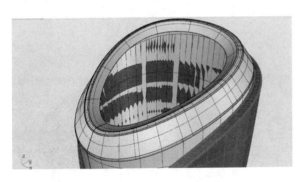

图 7 - 2 - 18

（7）执行命令 【抽离结构线】，点击"切换（T）"来调节抽离不同方向的结构线，根据需要抽离结构线①，如图 7 - 2 - 19 所示。

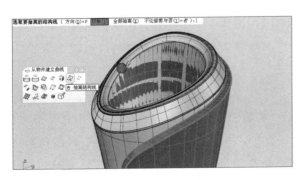

图 7 - 2 - 19

（8）将视图切换到 Right 视图，执行命令 【矩形平面对角点】，绘制如图所示平面；再执行命令 【物件交集】，作出两个交点，如图 7 - 2 - 20 所示。

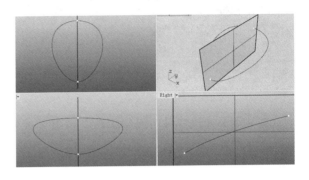

图 7 - 2 - 20

（9）在 Right 视图中，执行命令 【控制点曲线】，打开锁定格点【点】，捕捉两"点"并绘制如图 7 - 2 - 21 所示曲线。

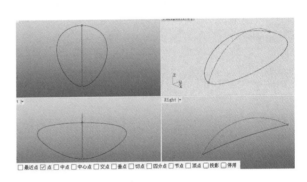

图 7 - 2 - 21

（10）选取两条曲线，执行命令 【嵌面】，生成如图 7 - 2 - 22 所示的曲面。

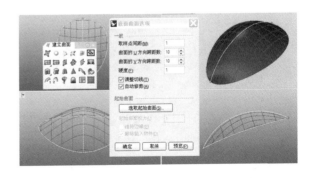

图 7 - 2 - 22

（11）分析图形（这个图形的左右两边①②处有点向下凹，需要调节使之饱满），执行命令 【抽离结构线】，抽离如图 7 - 2 - 23 所示结构线。

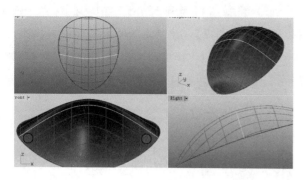

图 7 - 2 - 23

（12）调节曲线，将曲线①②两个位置的控制点向上拉，并使之圆滑，达到自己作图的需要，如图 7 - 2 - 24 所示。

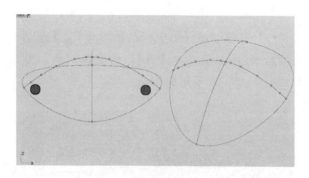

图 7 - 2 - 24

（13）执行命令 ⊡【分割】，将曲线分割成两段，如图 7 - 2 - 25 所示。

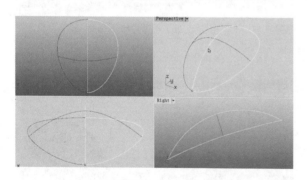

图 7 - 2 - 25

（14）执行命令 ⬓【从网格建立曲面】，先选取第一个方向的三条曲线，再选取第二个方向的一根曲线，单击右键（确定），生成如图 7 - 2 - 26 所示的曲面。

（15）在 Top 视图中，执行命令 ⬚【控制点曲线】绘制如图所示曲线，再执行 ▣【直线挤出】，如图 7 - 2 - 27 所示。

（16）执行命令 ⬕【修剪】、◉【偏移曲面】，

选择"实体（S）＝是"，其他选项参数的调节如图 7 - 2 - 28 所示。

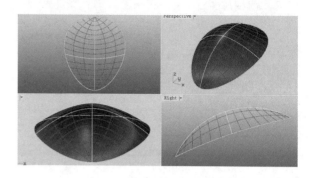

图 7 - 2 - 26

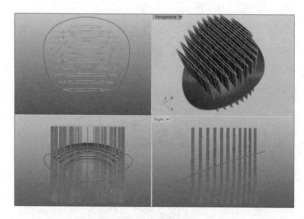

图 7 - 2 - 27

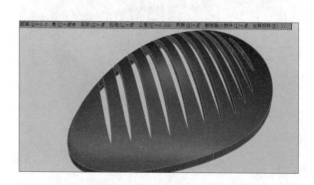

图 7 - 2 - 28

（17）制作按压开关：在 Top 视图中，执行命令 ◉【椭圆体：从中心点】绘制如图椭圆，并对其执行"移动"和 ▣【2D 旋转】，如图 7 - 2 - 29 所示。

（18）提取椭圆体的结构线，执行命令 ⊡【分割】，将椭圆体分成四部分，删除其中三部分，保留一部分，并执行命令 ◈【不等距边缘圆角】，复制一个并隐藏（作开关），如图 7 - 2 - 30 右图所示。

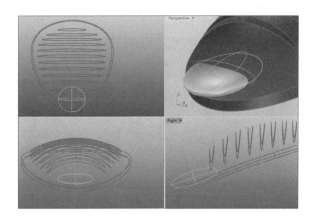

图 7 - 2 - 29

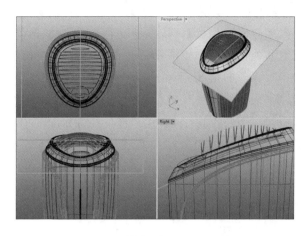

图 7 - 2 - 32

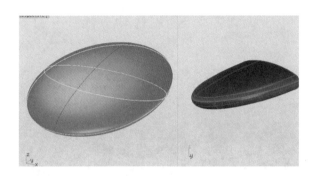

图 7 - 2 - 30

（19）执行命令 【布尔运算差集】，分别选取"被减去的曲面"①和"要减去其他物体的曲面"②，后单击右键（确定），得到右图的造型，并执行命令 【不等距边缘圆角】，如图 7 - 2 - 31 所示。

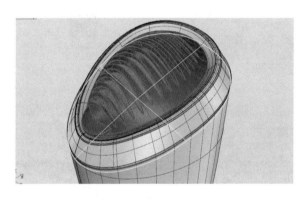

图 7 - 2 - 33

（22）执行命令 【组合】，将主体的上下两部分分别和中间曲面组合，并执行命令 【不等距边缘圆角】，完成分模线的创建，如图 7 - 2 - 34 所示。至此冰箱臭氧除臭器的主体部分就完成了。

图 7 - 2 - 31

（20）主体分模线的绘制：在 Right 视图中，执行命令 【控制点曲线】绘制如图所示曲线，并执行命令 【直线挤出】，如图 7 - 2 - 32 所示。

（21）执行命令 【分割】，用"挤出曲面"和"主体"相互分割成两个部分，如图 7 - 2 - 33 所示。

图 7 - 2 - 34

### 7.2.4　创建面部模型

（1）取出建立外壳时的曲线①，执行命令

【从网格建立曲面】建立曲面；再执行命令🔲【调整封闭曲面的接缝】，将接缝从位置③调整到④，或者其他位置（防止曲面经过曲线剪切后在接缝处出现裂开的情况）。在 Front 视图中，执行命令🔲【控制点曲线】绘制如图曲线②；执行命令🔲【修剪】，用曲线减去曲面的外部，获得如图 7-2-35 的造型。

凹的弧度不够，必须进行调节。

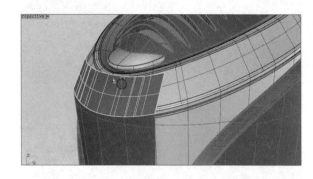

图 7-2-38

（5）执行命令🔲【控制点曲线】，绘制曲线②，并执行命令🔲【修剪】，用曲线②减去曲面①。如图 7-2-39 所示。

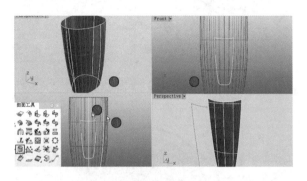

图 7-2-35

（2）将曲面由位置①向右移动到②的位置，如图 7-2-36 所示。

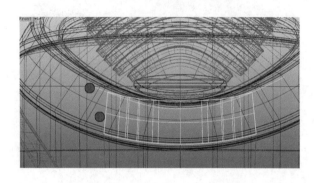

图 7-2-39

（6）执行命令🔲【复制边界】、🔲【组合】得到如图所示边界线①，再执行命令🔲【直线挤出】，沿水平面挤出曲面，如图 7-2-40 所示。

图 7-2-36

（3）执行命令🔲【复制边界】生成曲线①，并将曲线①移动到位置②，如图 7-2-37 所示。

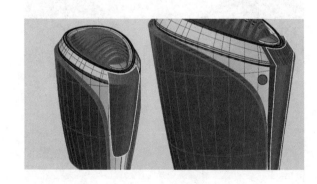

图 7-2-40

（7）执行命令🔲【控制点曲线】在 Front 视图中绘制如图曲线，并在 Right 视图中执行命令🔲【直线挤出】，绘制如图 7-2-41 所示的曲面。

（8）执行命令🔲【控制点曲线】，绘制如图所示的椭圆曲线；执行命令🔲【投影曲线】，将曲线

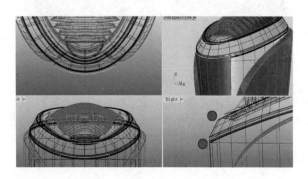

图 7-2-37

（4）执行命令🔲【放样】得到如图 7-2-38 所示图形。观察图形，发现图形的上部分①处下

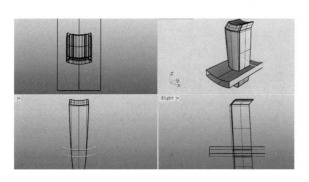

图 7 - 2 - 41

投影到曲面上；执行命令 ⊞【分割】，用投影曲线将曲面分割，删掉其中一部分，并将投影曲线向右（里）移动，如图 7 - 2 - 42 所示。

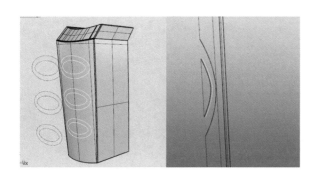

图 7 - 2 - 42

（9）执行命令 ⊞【矩形平面对角点】、 ◢【物件交集】得出平面与曲线的交点；执行命令 ⊡【控制点曲线】绘制如图 7 - 2 - 43 所示曲线。

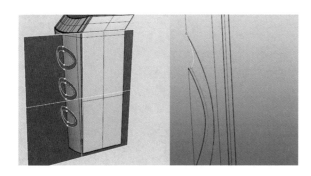

图 7 - 2 - 43

（10）选取如图三条曲线，执行命令 ◲【双轨扫掠】生成下凹曲面；执行命令 ▣【直线挤出】，挤出如图所示曲面①；再执行命令 ▩【组合】、 ◈【不等距边缘圆角】，如图 7 - 2 - 44 所示。

（11）执行命令 ◰【复制边界】、 ▣【直线挤出】，挤出如图所示曲面；再执行命令 ▩【组合】、

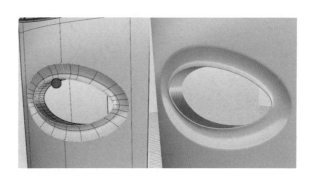

图 7 - 2 - 44

◈【不等距边缘圆角】，得到如图 7 - 2 - 45 所示造型。至此冰箱臭氧除臭器的面部就完成了。

图 7 - 2 - 45

### 7.2.5　创建底座模型

（1）将视图切换到 Top 视图，执行命令 ⊡【控制点曲线】，绘制如图所示曲线；再执行命令 ◉【以平面曲线建立曲面】，建立两个平面①②；再绘制两条断面线③④，执行命令 ◲【双轨扫掠】，在"双轨扫掠选项"选项卡中勾选"封闭扫掠"生成曲面，如图 7 - 2 - 46 所示。

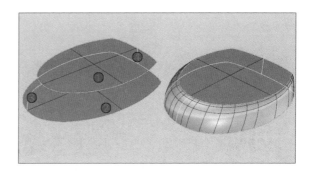

图 7 - 2 - 46

（2）执行命令 ⊡【控制点曲线】，在 Right 视图中绘制如图曲线，再执行命令 ▣【直线挤出】、

【分割】，如图 7-2-47 所示。

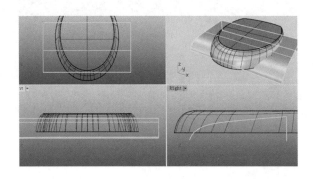

图 7-2-47

（3）执行命令 【偏移曲面】，将挤出曲面向下偏移到如图的位置，并执行命令 【修剪】，修剪底座，如图 7-2-48 所示。

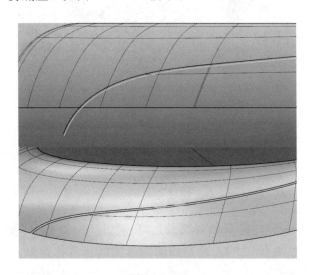

图 7-2-48

（4）选中修剪后的曲面，并按 F10 显示其控制点，执行命令 【退回已修剪曲面】，将曲面的控制点缩回到剪切后的状态，如图 7-2-49 所示。

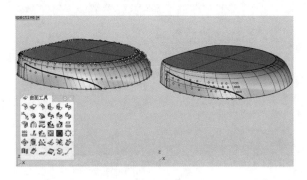

图 7-2-49

（5）通过移动曲线控制点，将两个部分图形调节到如图 7-2-50 所示的位置。

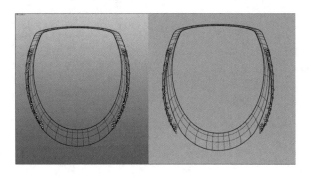

图 7-2-50

（6）执行命令 【混接曲面】，并调节"调整曲面混接"选项，生成如图 7-2-51 所示曲面。

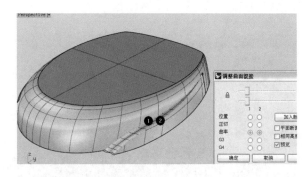

图 7-2-51

（7）渐削面做法：首先分析通过 【混接曲面】生成的曲面，发现这条曲面的首尾两段并没有衔接好，这时应该将这两部分分割开来，重新建模，如图 7-2-52 所示。

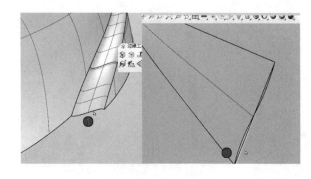

图 7-2-52

（8）右键单击命令 【以结构线分割曲面】将新建曲面分成三段，如图 7-2-53 所示。

（9）打开格点锁定【端点】，执行命令 【分割边缘】，选中边缘线①，捕捉到端点 A，将边缘线①分割成两段，并用相同的方法将边缘线②③也分割成两部分，如图 7-2-54 所示。

（10）选中如图所示的四条曲线，执行命令

【双轨扫掠】，生成如图 7-2-55 所示曲面。

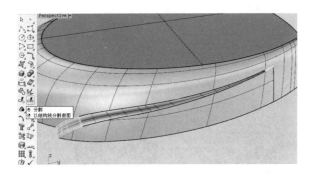

图 7-2-53

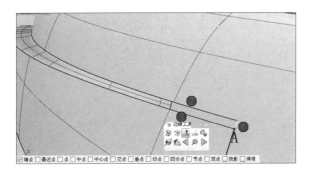

图 7-2-54

图 7-2-55

（11）执行【可调式混接曲线】，调节杠杆①②，保证曲线以"曲率"衔接，如图 7-2-56 所示。

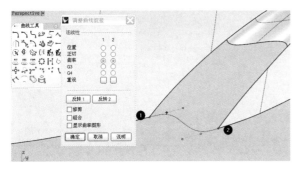

图 7-2-56

（12）重复第九步的操作：打开格点锁定【端

点】，执行命令【分割边缘】，选中边缘线①②，并捕捉到端点 B、C，将如图所示的两条边缘线分割成两段，如图 7-2-57 所示。

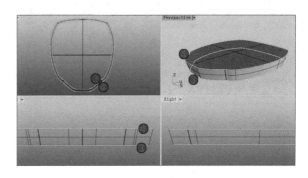

图 7-2-57

（13）在 Top 视图中，执行命令【控制点曲线】，绘制如图所示曲线③④，并执行命令【以平面曲线建立曲面】；再执行命令【放样】，将曲线③④生成放样曲面，如图 7-2-58 所示。

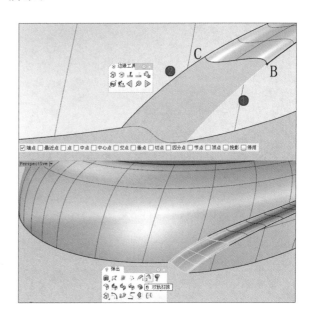

图 7-2-58

（14）在 Top 视图中，执行命令【矩形：角对角】绘制矩形，并将 A、B 两处倒角；执行命令【直线挤出】生成挤出曲面；再执行命令【分割】，将底座分割成如图 7-2-59 所示图形。

（15）执行命令【组合】、【不等距边缘圆角】，将模型进行组合焊接、倒角，并绘制脚钉，如图 7-2-60 所示。

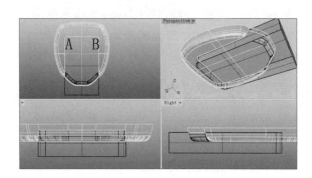

图 7-2-59

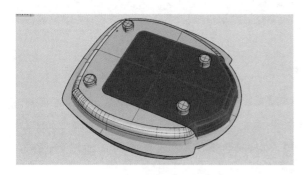

图 7-2-60

（16）至此，整个模型就创建完毕，如图 7-2-61所示。

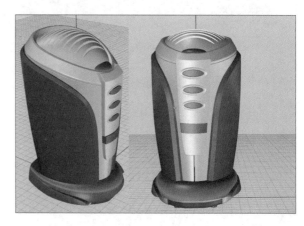

图 7-2-61

# 8

## 第8章 产品综合实例 level 2

### 8.1 电吹风

本节通过电吹风模型的创建，重点学习 【双轨扫掠】命令在使用过程中的方法和技巧、【圆管（平头盖）】命令在模拟倒角中的运用，以及阵列命令的运用与方法。

**本节重难点**

1. 【双轨扫掠】
2. 【矩形阵列】
3. 【圆管（平头盖）】

**涉及知识点**

【混接曲面】；【从网格建立曲面】；【偏移曲面】；【控制点曲线】；【全部圆角】；【复制边界】；【矩形平面对角点】

### 8.1.1 案例说明及结构分析

本案例将采用导入底图的方式进行模型创建。如图 8-1-1 所示，从整体来看，电吹风模型可以分为机身①②、把手③、尾部进气孔④、电线⑤、负离子发射孔⑥等几个部分来创建。

图 8-1-1

### 8.1.2 创建机身模型

电吹风的机身线条流畅、形态规则，可以通过导入底图，用【双轨扫掠】命令完成此造型。

（1）单击 Front 视图标签，在弹出的面板中选择【背景图 B】，执行命令【放置（p）】，将背景图导入 Front 视图中；再执行命令【缩放（C）】【移动（M）】，将背景图调整到合适的位置，如图 8-1-2所示。

（2）将视图切换到 Front 视图，执行命令【控制点曲线】，绘制如图 8-1-3 所示的吹风机主体轮廓线。注意：在绘制轮廓线的时候往往要长一些，这样更好控制形体。

（3）执行命令【直径】，在 Right 视图中绘制如图 8-1-4 所示的三个断面圆,同时打开物件锁点【最近点】,使断面圆和轮廓曲线相交。

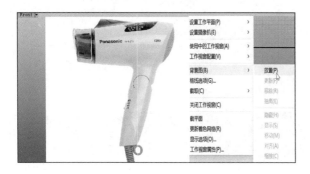

图 8-1-2

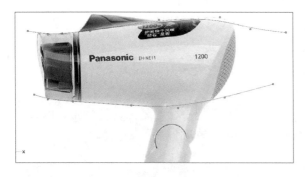

图 8-1-3

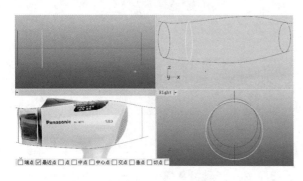

图 8-1-4

(4) 执行命令 【双轨扫掠】,依次选择两条轮廓线为轨道、三个圆为断面线,生成如图 8-1-5 所示的曲面,完成机身轮廓造型。

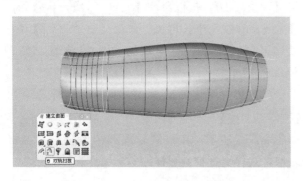

图 8-1-5

### 8.1.3 创建把手模型

(1) 将视图切换到 Front 视图,执行命令 【控制点曲线】,绘制电吹风把手的轮廓线,如图 8-1-6 所示。

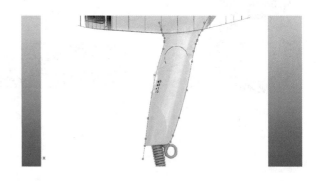

图 8-1-6

(2) 将视图切换到 Top 视图,执行命令 【控制点曲线】,绘制电吹风把手断面线,并在 Front 视图中对其执行 【2D 旋转】操作,使之呈如图 8-1-7 所示位置。

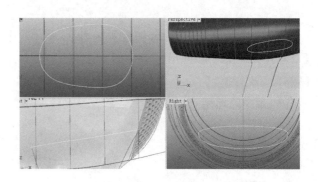

图 8-1-7

(3) 执行命令 【复制】,复制上一步所绘制的曲线,执行 【二轴缩放】、 【2D 旋转】,完成如图 8-1-8 所示的其余三条断面曲线。

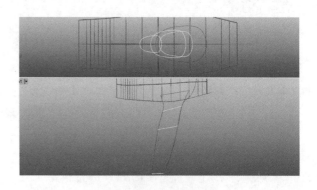

图 8-1-8

注意：这里的断面曲线也可以重新绘制其余三条，但是最好用复制的方法，这样可以使所有的断面曲线的属性相同，成型效果更好。

（4）执行命令 【双轨扫掠】，依次选择两条轮廓线为轨道，其余四条曲线为断面线，生成如图 8-1-9 所示的曲面。

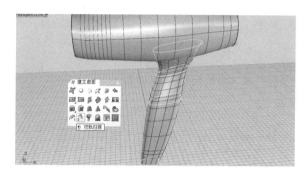

图 8-1-9

（5）在 Top 视图中，执行命令 【投影曲线】，选择上一步绘制把手的断面曲线①，将其投影到机身上，生成曲线②，再在 Front 视图中执行命令 【控制点曲线】，绘制曲线③，如图 8-1-10 所示。

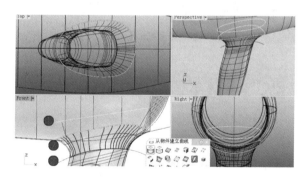

图 8-1-10

（6）执行命令 【修剪】，分别用曲线②③将机身和把手多余的部分减去，得到如图 8-1-11 所示造型。

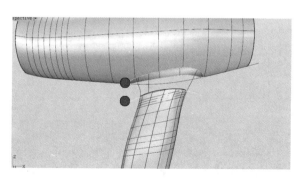

图 8-1-11

（7）执行命令 【混接曲面】，分别选择曲面边缘①②，并在弹出的"调节曲面混接"对话框中勾选"曲率"，具体参数如图 8-1-12 所示。

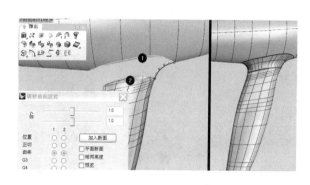

图 8-1-12

（8）执行命令 【控制点曲线】绘制两条曲线①②，并用曲线①减去机身和把手中多余的部分，如图 8-1-13 所示。

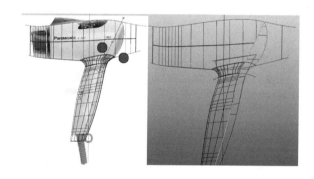

图 8-1-13

（9）执行命令 【复制边界】，复制这几段边界；再执行命令 【组合】，将这几段边界线组合成一根曲线；在 Front 视图中，执行命令 【矩形平面对角点】绘制如图所示平面，并执行 【分割】命令，将曲线从中间分成①②两段，如图 8-1-14 所示。

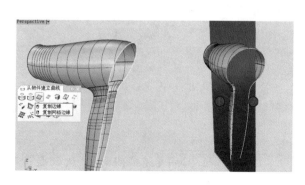

图 8-1-14

（10）在 Top 视图中，执行命令 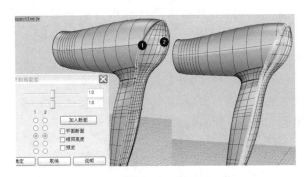【控制点曲线】绘制曲线①，先后执行 【复制】、 【二轴缩放】，绘制其他几条断面曲线，如图 8－1－15 所示。

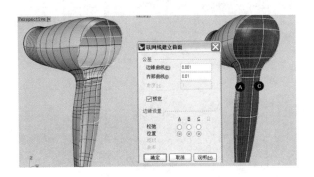

图 8－1－15

（11）选中如图所示的曲线，执行命令 【从网格建立曲面】，生成如图 8－1－16 所示曲面。

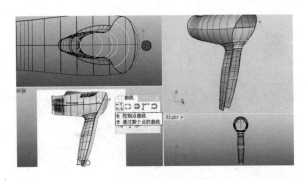

图 8－1－16

（12）选中如图曲线，执行命令 【圆管（平头盖）】，绘制成圆管，并执行命令 【修剪】，用圆管减去机身和把手的一部分，如图 8－1－17 所示。

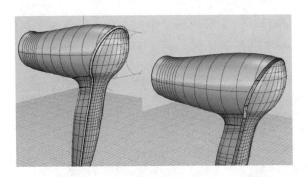

图 8－1－17

（13）执行命令 【混接曲面】，选取混接曲面的两个边①②，调节"混接选项"，生成如图 8－1－18 的曲面。

图 8－1－18

### 8.1.4 创建负离子发射孔

（1）在 Top 视图中，绘制如图 8－1－19 所示的平面曲线①，执行命令 【投影曲线】，将曲线投影到电吹风的机身上，如图 8－1－19 中②所示。

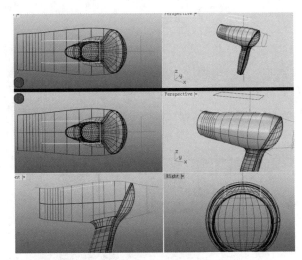

图 8－1－19

（2）在 Front 视图中，执行命令 【控制点曲线】，沿背景图的轮廓，绘制如图 8－1－20 中的曲线①，并且与投影曲线相交于点 A；在 Right 视图中，打开物件锁点【最近点】，绘制曲线②③④⑤⑥，使之与曲线①和主体上的投影曲线相交（最近点），如图 8－1－20 所示。

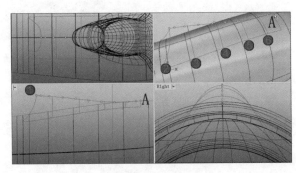

图 8－1－20

（3）执行命令 【偏移曲面】，选择"距离＝0.2""实体＝是"，如图 8-1-21 所示。

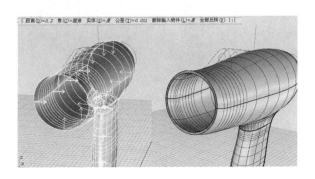

图 8-1-21

（4）执行命令 【直线挤出】，将投影曲线挤出成如图 8-1-22 所示曲面。

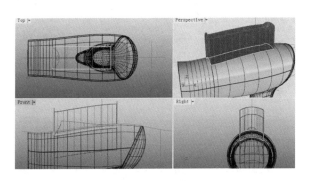

图 8-1-22

（5）执行命令 【分割】，用挤出的曲面和机身相互分割，删除其他部分，剩下的曲面如图 8-1-23 所示。

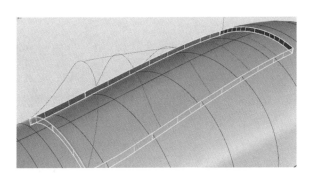

图 8-1-23

（6）执行命令 【从网格建立曲面】，分别选取第一个方向的三段曲线和第二个方向的六段曲线，然后单击右键（确定），生成如图 8-1-24 所示曲面。

（7）执行命令 【偏移曲面】，生成新曲面，选择"实体（S）＝否""距离＝0.2"，如图 8-1-25 所示。

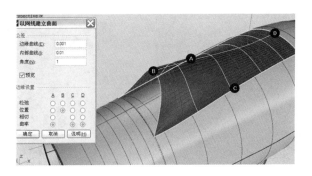

图 8-1-24

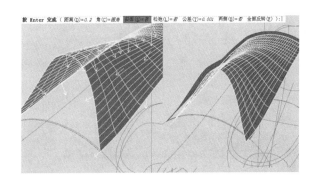

图 8-1-25

（8）执行命令 【复制边界】，将曲面的边界①提取出来，如图 8-1-26 所示。

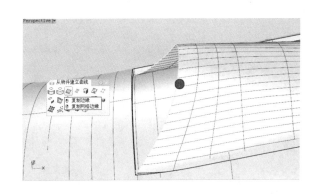

图 8-1-26

（9）重复第七步骤，执行命令 【偏移曲面】，选择"实体（S）＝是""距离＝0.2"，生成如图所示体；再执行命令 【不等距边缘圆角】，将偏移生成的体倒角，如图 8-1-27 所示。

（10）执行命令 【抽离结构线】，并打开物件锁点【端点】，抽离与曲线①的端点相交的这一条结构线②；再执行 【修剪】，用曲线①去减掉曲线②中多余的部分，最终生成曲线如图 8-1-28 所示。

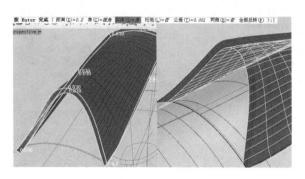

图 8 - 1 - 27

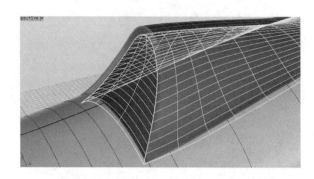

图 8 - 1 - 30

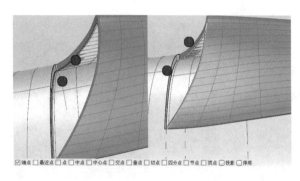

图 8 - 1 - 28

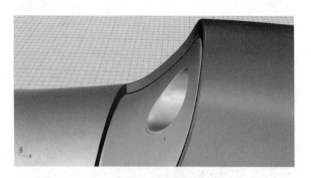

图 8 - 1 - 31

（11）执行▦【矩形平面对角点】命令，绘制如图平面，执行命令▦【分割】，将曲线分成两部分；再执行命令▦【从网格建立曲面】，分别选取ABC 三条曲线，生成如图 8 - 1 - 29 所示曲面。

图 8 - 1 - 29

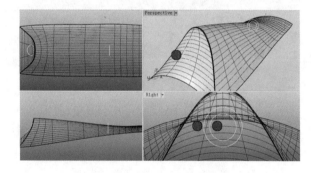

图 8 - 1 - 32

（15）执行命令▦【直线挤出】，将曲线②挤出成如图所示曲面；再执行命令▦【控制点曲线】，在 Front 视图中绘制曲线④，使之与曲线①和曲线③相交，如图 8 - 1 - 33 所示。

（12）执行命令▦【组合】，让两个曲面组合成多重曲面，如图 8 - 1 - 30 所示。

（13）执行命令▦【不等距边缘圆角】，最终得出如图 8 - 1 - 31 所示曲面。

（14）制作负离子发射孔：执行命令▦【中心点、半径】，在 Right 视图中绘制两个同心圆①②，并执行命令▦【投影曲线】，将圆①投影到曲面上生成曲线③，如图 8 - 1 - 32 所示。

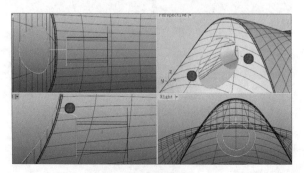

图 8 - 1 - 33

（16）执行命令 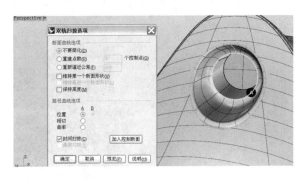【双轨扫掠】，生成如图 8-1-34 所示曲面。

图 8-1-34

（17）执行命令 【组合】、 【不等距边缘圆角】，并设置适当的半径，生成如图 8-1-35 所示的图形。

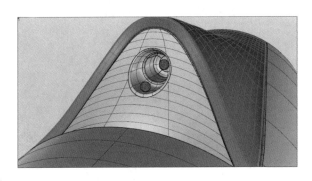

图 8-1-35

（18）至此，负离子发射孔的模型就创建完毕，其完整造型如图 8-1-36 所示。

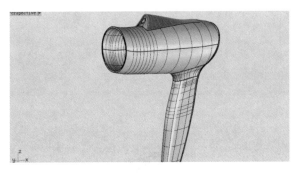

图 8-1-36

## 8.1.5　创建出风口和进气孔

（1）执行命令 【复制边界】，生成曲线①，再打开物件锁点【端点】，并执行命令 【抽离结构线】，抽离端点与曲线①相交的曲线②，如图 8-1-37 所示。

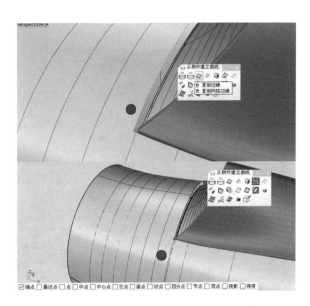

图 8-1-37

（2）以刚生成的曲线为边线，执行命令 【以平面曲线建立曲面】，生成如图 8-1-38 所示曲面。

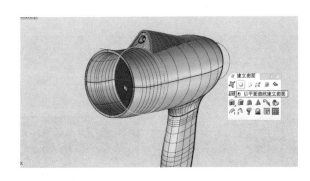

图 8-1-38

（3）执行命令 【分割】，用曲面将机身分割成两部分，如图 8-1-39 所示。

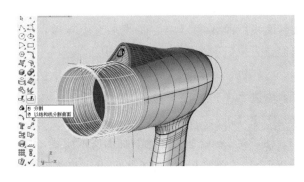

图 8-1-39

（4）执行命令 【复制边界】，获得四条曲线；以其中两条弧线为轨道，另外两条直线为断面线，执行命令 【双轨扫掠】，生成如图

8-1-40 所示的曲面。

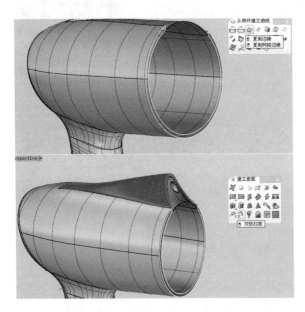

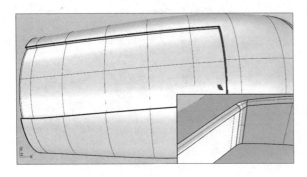

图 8-1-40

（5）执行命令 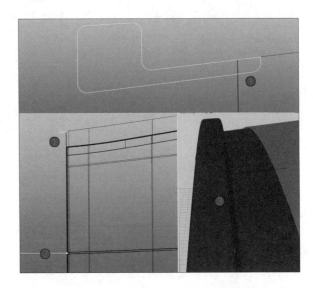【组合】，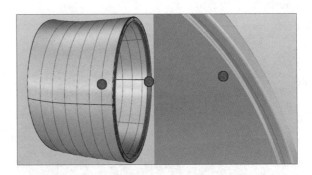【不等距边缘圆角】，将如图 8-1-41 所示的直角倒成圆角。

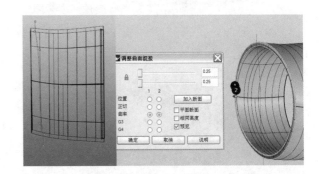

图 8-1-41

（6）制作接口：在 Front 视图中，绘制曲线①和轴线②，执行命令 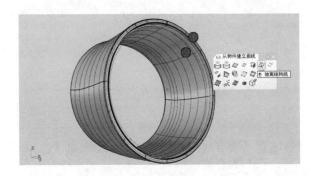【旋转成型】，以曲线①为旋转曲线、曲线②（中心曲线）为旋转轴，绘制曲面作为接口③，如图 8-1-42 所示。

（7）执行命令 【布尔运算差集】，用接口③修剪出风口④，生成卡槽⑤，并执行命令 【不等距边缘圆角】，如图 8-1-43 所示。

（8）在 Front 视图中绘制如图所示曲线，并执行命令 【修剪】，用曲线修剪出风口多余的部分；再执行命令 【混接曲面】，将出风口外壳的两个曲面进行连接，如图 8-1-44 所示。

（9）执行命令 【抽离结构线】，抽出曲线①；再执行 【偏移】生成曲线②，如图 8-1-45 所示。

图 8-1-42

图 8-1-43

图 8-1-44

图 8-1-45

（10）执行命令 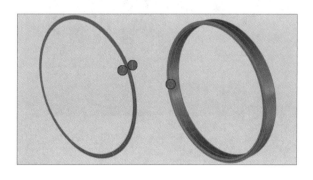【放样】，用曲线①②放样生成曲面；执行命令【挤出平面】，将放样生成的曲面挤出成体③；再执行命令【不等距边缘圆角】，如图 8-1-46 所示。

图 8-1-46

（11）执行命令【挤出封闭的平面曲线】，将曲线②挤出成体，如图 8-1-47 所示。

图 8-1-47

（12）在 Right 视图中，绘制一个正方形，执行【矩形阵列】，并执行命令【挤出平面】，如图 8-1-48 所示。

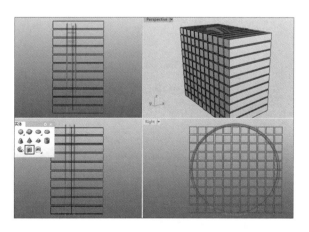

图 8-1-48

（13）执行命令【布尔运算差集】，得到如

图 8-1-49 所示多重曲面。

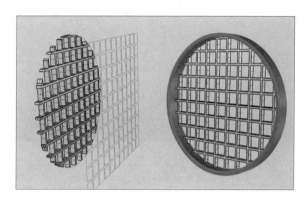

图 8-1-49

（14）参考背景图，并在 Right 视图中绘制①②，调节两条曲线的位置，如图 8-1-50 所示。

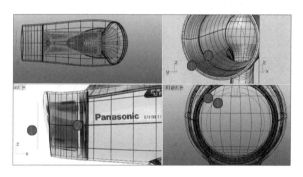

图 8-1-50

（15）执行命令【放样】，用曲线①②放样生成如图 8-1-51 左图；再执行命令【将平面洞加盖】，得到如图 8-1-51 右图所示的多重曲面。

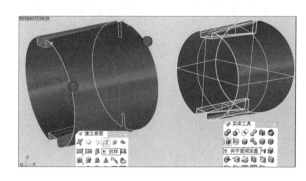

图 8-1-51

（16）分别在 Front 视图和 Right 视图中绘制曲线④③，如图 8-1-52 所示。

（17）选择曲线④，执行命令【直线挤出】，生成如图所示曲面；再执行命令【分割】，将曲面和风口相互分割，得到如图 8-1-53 所示多重曲面。

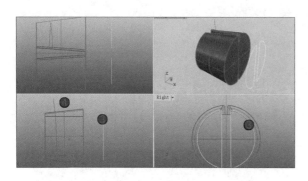

图 8-1-52

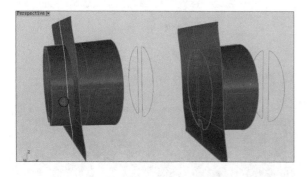

图 8-1-53

（18）执行命令 ▣【直线挤出】，将曲线③挤出成曲面，如图 8-1-54 左图所示；再执行命令 ◙【布尔运算差集】、◼【不等距边缘圆角】，最后得到如图 8-1-54 右图所示造型。

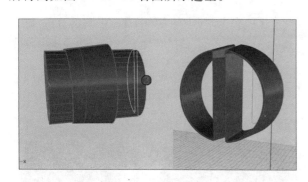

图 8-1-54

（19）重复上面的操作，绘制出风口细节，如图 8-1-55 所示。

（20）执行命令 ▢【矩形：角对角】，分别在 Top 视图绘制矩形曲线①②，在 Front 视图中绘制矩形曲线③；再分别执行命令 ◣【全部圆角】、◪【挤出封闭的平面曲线】，如图 8-1-56 所示。

（21）执行命令 ◙【布尔运算差集】，将其剪切成如图 8-1-57 所示造型；再执行命令 ◙【不等距边缘圆角】，移动多重曲面到适当的位置，并

执行 ▦【环形阵列】，输入个数为"4"，得到造型如图 8-1-57 右图所示。

图 8-1-55

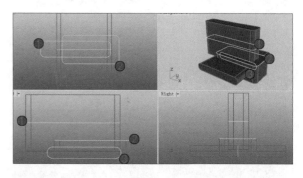

图 8-1-56

图 8-1-57

### 8.1.6 创建进气孔和开关

（1）在 Right 视图中，绘制如图 8-1-58 所示的曲线阵列和曲线。

（2）执行命令 ▣【直线挤出】，将曲线、曲线阵列沿水平方向挤出；再执行 ◙【布尔运算差集】、◼【不等距边缘圆角】，得到如图 8-1-59 所示造型。

（3）在 Front 视图中绘制曲线①②③，并执行命令 ▣【直线挤出】，生成如图 8-1-60 所示曲面。

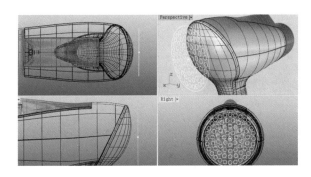

图 8 - 1 - 58

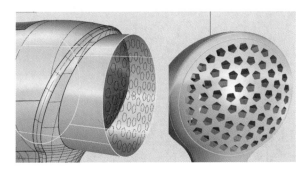

图 8 - 1 - 59

（4）执行命令 ⊞【分割】，用上一步生成的曲面 ①②与把手相互分割；再执行命令 ⚙【组合】、◻【不等距边缘圆角】，生成如图 8 - 1 - 61 所示造型。

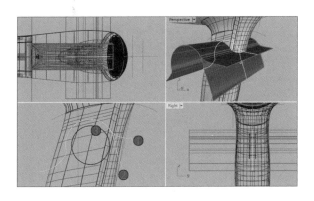

图 8 - 1 - 60

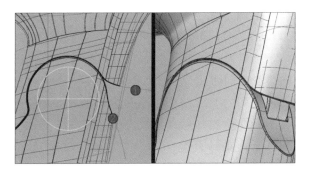

图 8 - 1 - 61

（5）在 Right 视图中绘制曲线，并执行命令 ◻【直线挤出】，生成曲面如图 8 - 1 - 62 所示。

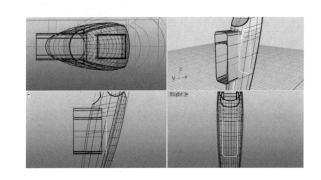

图 8 - 1 - 62

（6）执行命令 ⊞【分割】、⚙【组合】、◻【不等距边缘圆角】，如图 8 - 1 - 63 所示。

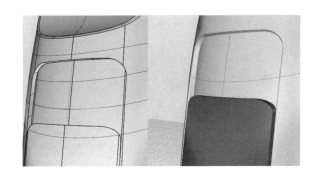

图 8 - 1 - 63

（7）开关细节制作：在 Right 视图中绘制如图所示曲线，并执行命令 ◻【直线挤出】、✂【修剪】，如图 8 - 1 - 64 所示。

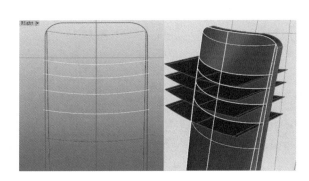

图 8 - 1 - 64

（8）在 Front 视图中，删除多余的两个部分，并将中间一块向左移动；执行命令 🗗【混接曲面】，连接两个曲面，如图 8 - 1 - 65 所示。

（9）执行命令 ◻【不等距边缘圆角】，完成开关的制作，如图 8 - 1 - 66 所示。

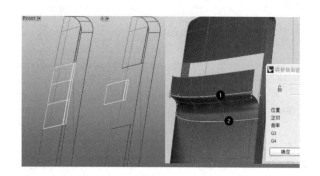

图 8-1-65

图 8-1-66

（10）这里的电源线造型比较简单，就不再赘述。至此，电吹风建模完成，整体模型如图 8-1-67 所示。

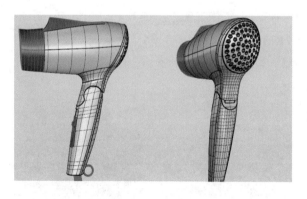

图 8-1-67

## 8.2　果汁机

本节通过果汁机模型的创建，学习怎样使用不规则底图建模，以及怎样通过两个视图的平面线来创建空间曲线，并对空间曲线进行重建、修整。

**本节重难点**

1. 不规则底图的运用
2. 【从两个视图的曲线】
3. 【重建曲线】

**涉及知识点**

【从两个视图的曲线】；【重建曲线】；【整平曲线】；【投影曲线】；【旋转成型】；【环形阵列】；【双轨扫掠】；【混接曲面】

### 8.2.1　案例说明及结构分析

本案例将在两个视图中导入底图。从整体来看，模型可以分为底座①、瓶身②、把手③、内胆④、瓶盖⑤等几个部分。这几个部分模型创建都比较容易，但在创建底座时要综合两个视图，力求造型最准确，如图 8-2-1 所示。

图 8-2-1

### 8.2.2　创建果汁机底座

底座可以分成两部分创建，难点在于如何能绘制出中间那条空间线。从已有的这两张图看，可以根据底图绘制这条空间线在两个视图中的平面线，然后通过执行命令【从两个视图的曲线】来获得此空间曲线。

现使用的两张图都不是完全的正视图或侧视图，所以在绘制这两张图的平面曲线时，要做适当的修正，如图 8-2-2 所示。

（1）单击视图标签（如 Front），在弹出命令下拉栏中选中【背景图 B】，先后执行【放置

（p）】，将背景图导入 Front 视图和 Right 视图中；再执行命令【缩放（C）】【移动（M）】，将背景图调整到合适的位置，如图 8-2-3 所示。

图 8-2-2

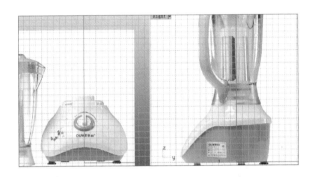

图 8-2-3

注意：由于这两张图都不规范，所以对齐图时应以底座中间线为基础，而不是整个图的中间线。

（2）将视图切换到 Front 视图，执行命令【控制点曲线】，绘制如图所示中心线①和轮廓曲线的一半②，并执行命令【修剪】，用曲线①剪去曲线②右边多余的部分，如图 8-2-4 所示。

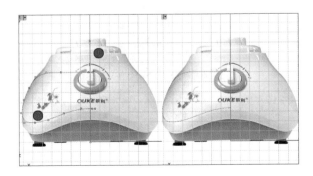

图 8-2-4

注意：根据 Right 视图中的底图（透视图）观察，曲线上半部分的造型，是一个比较平的形状。

（3）绘制空间曲线：执行命令【镜像】，将

曲线②沿曲线①对称，再执行命令【组合】，最后得到如图 8-2-5 所示曲线。

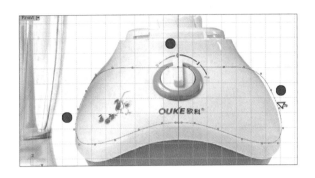

图 8-2-5

注意：对称轴左右两边是完全一样的，现图中右边③的地方有空隙，原因是底图不是完全的正视图，不是我们作图所致。

（4）将视图切换到 Right 视图，执行命令【控制点曲线】，绘制如图 8-2-6 所示曲线。

图 8-2-6

注意：由于底图不是完全的右视图，所以生成的线与真实的右视图曲线也存在偏差，那么在后面操作中，生成的空间曲线和真实的空间曲线也有差异，需要修正。

（5）现在空间曲线在两个视图中的平面线就绘制完毕了，具体关系如图 8-2-7 所示。

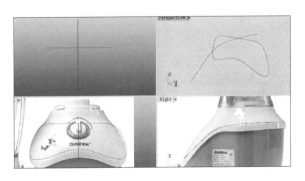

图 8-2-7

（6）执行命令  【从两个视图的曲线】，单击该命令，依次选择这两条平面曲线，生成空间曲线如图 8-2-8 所示。

图 8-2-8

（7）将 Top 视图全屏，可以看到生成的空间曲线在①②两个地方出现了缺陷，这是第四步中绘制此空间曲线在 Right 视图的平面曲线时，所用的底图不是完全的 Right 视图所致。曲线的控制点太多，因此必须对曲线进行调节、修正，如图 8-2-9 所示。

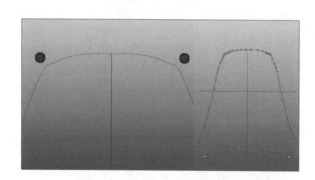

图 8-2-9

（8）执行命令 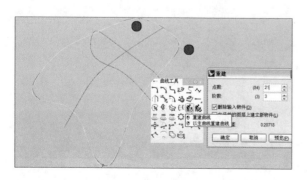 【重建曲线】，从"重建选项中"可以看出，原来曲线有 84 个控制点，重建后保留 21 个，根据自己的需要也可更改为其他数目，但要保证重建后的曲线不变形，如图 8-2-10 所示。

图 8-2-10

（9）重建后，在 Top 视图中将曲线的①②两个地方进行调节修正，最终获得的空间曲线如图 8-2-11 所示。

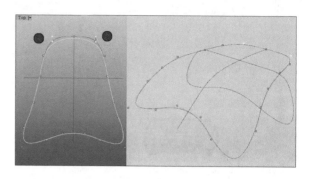

图 8-2-11

（10）执行命令 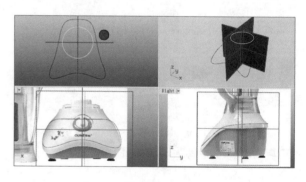 【中心点、半径】，在 Top 视图中绘制圆，并移动到如图所示位置，再执行命令  【矩形平面对角点】，分别在 Front 视图和 Right 视图中绘制平面，如图 8-2-12 所示。

图 8-2-12

（11）执行命令 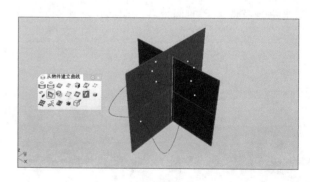 【物件交集】，得出两条曲线与两个平面的八个交点，如图 8-2-13 所示。

图 8-2-13

（12）打开物件锁点【点】，执行命令  【控制点曲线】，在 Front 视图中，过曲线上的点绘制曲线①，并执行  【镜像】生成曲线④；在 Right 视图中绘制曲线②③，如图 8-2-14 所示。

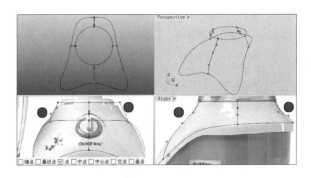

图 8 - 2 - 14

注意：因为 Front 视图中的底图不是真正的正视图，这里的曲线④只能通过镜像曲线①获得。同理，右视图不是完全的正规右视图，曲线②的绘制也要注意修正。

（13）执行命令　【从网格建立曲面】，通过这六条曲线生成曲面，如图 8 - 2 - 15 所示。

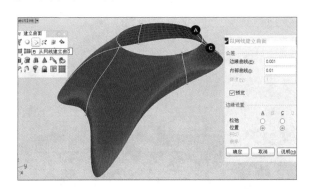

图 8 - 2 - 15

（14）在 Front 视图中，将空间曲线复制两条，并向下移动到如图 8 - 2 - 16 所示的位置。

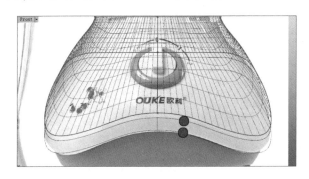

图 8 - 2 - 16

（15）执行命令　【控制点曲线】，绘制曲线①，如图 8 - 2 - 17 所示。

（16）执行命令　【双轨扫掠】，选择两条空间线为轨道，曲线①为断面线，生成如图 8 - 2 - 18 所示曲面。

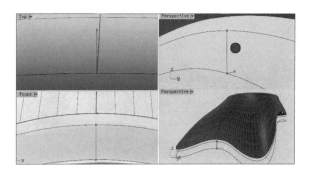

图 8 - 2 - 17

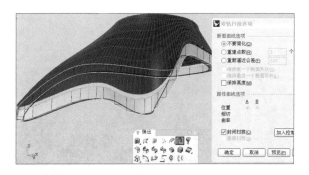

图 8 - 2 - 18

（17）执行命令　【混接曲面】，选取两个曲面的边缘①②进行曲面混接，如图 8 - 2 - 19 所示。

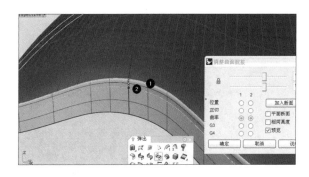

图 8 - 2 - 19

注意：这里一定要选择曲面的边缘线，而不是空间曲线，这样新生成的曲面会与其他两个曲面产生 G1 连续。

（18）执行命令　【不等距边缘圆角】，进行倒角，如图 8 - 2 - 20 所示。

（19）在 Front 视图中，绘制如图 8 - 2 - 21 所示曲线，并向下移动到图示的位置。

（20）执行命令　【复制边界】，复制多重曲面的一个边缘①，再从两条曲线的中点绘制直线②，如图 8 - 2 - 22 所示。

（21）执行命令　【双轨扫掠】，以曲线①③

为轨道，②为断面线，生成如图 8-2-23 所示曲面。

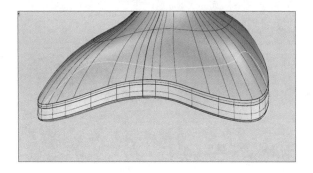

图 8-2-20

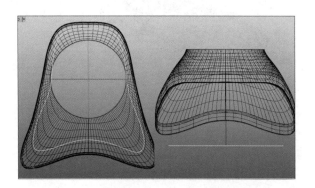

图 8-2-21

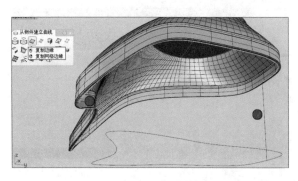

图 8-2-22

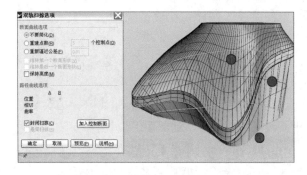

图 8-2-23

（22）执行命令◎【以平面曲线建立曲面】，

选取底面平面曲线来生成平面，如图 8-2-24 左图所示；再执行命令◈【组合】、◈【不等距边缘圆角】，最后得出如图 8-2-24 右图所示图形。

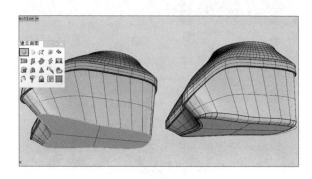

图 8-2-24

（23）绘制脚钉：在 Right 视图中，绘制曲线①和中线②，并执行命令▼【旋转成型】，以曲线①为旋转曲线、中线②为旋转轴，绘制如图 8-2-25 所示脚钉。

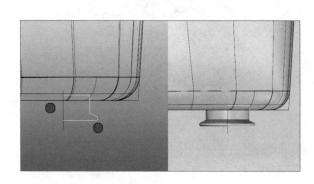

图 8-2-25

（24）用同样的方法，绘制另外三个脚钉，并移动到合适的位置，如图 8-2-26 所示。

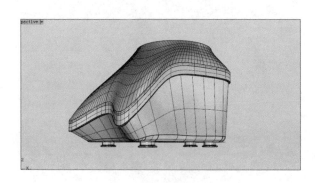

图 8-2-26

（25）执行命令◎【中心点、半径】，绘制如图所示的圆，再执行命令▣【挤出封闭的平面曲线】，如图 8-2-27 所示。

注意：▣【挤出封闭的平面曲线】和▣【直

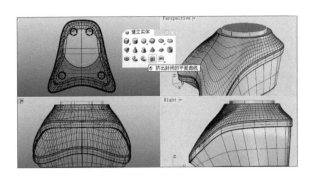

图 8 - 2 - 27

线挤出】两者图标差不多，但是前者是将封闭曲线挤出成体，后者是挤出成曲面，要分清楚。

（26）执行命令 【布尔运算差集】、【不等距边缘圆角】，如图 8 - 2 - 28 所示。

图 8 - 2 - 28

（27）执行命令 【挤出封闭的平面曲线】挤出如图所示圆柱体，再执行 【不等距边缘圆角】，如图 8 - 2 - 29 所示。

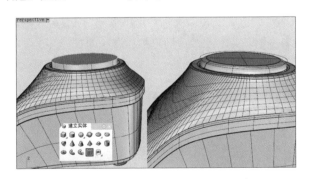

图 8 - 2 - 29

（28）重复执行上一步的操作，在 Top 视图中，先绘制如图曲线，并执行命令 【挤出封闭的平面曲线】生成圆柱体；再执行命令 【布尔运算差集】，修剪出底座内凹造型；再执行命令 【不等距边缘圆角】，将底座内凹造型倒角，如图 8 - 2 - 30 所示。

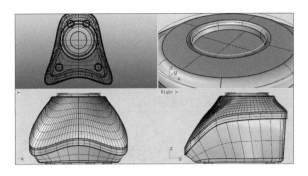

图 8 - 2 - 30

（29）绘制如图所示的两个圆，执行 【挤出封闭的平面曲线】，生成如图 8 - 2 - 31 所示两个圆柱体。

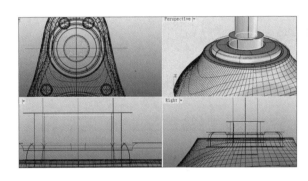

图 8 - 2 - 31

（30）先后选择这两个圆柱体，执行命令 【布尔运算差集】，如图 8 - 2 - 32 所示。

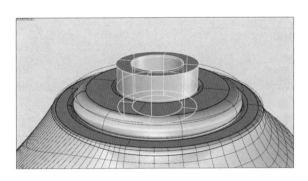

图 8 - 2 - 32

（31）在 Front 视图中，绘制曲线①②，并在 Top 视图中，执行命令 【2D 旋转】将曲线②调整到如图 8 - 2 - 33 所示位置。

（32）执行命令 【挤出封闭的平面曲线】，在 Top 视图中挤出体①，在 Right 视图中挤出体②，如图 8 - 2 - 34 所示。

（33）执行命令 【环形阵列】，在 Top 视图中，以坐标中心为环形阵列中心，将这两个挤出体沿坐标中心阵列 3 个, 如图 8 - 2 - 35 所示。

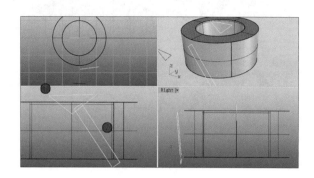

图 8 - 2 - 33

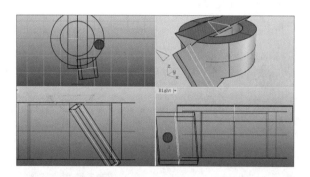

图 8 - 2 - 34

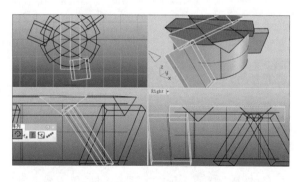

图 8 - 2 - 35

(34) 执行命令 ⊙ 【布尔运算差集】, 生成如图 8 - 2 - 36 所示图形。

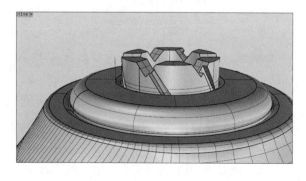

图 8 - 2 - 36

(35) 执行命令 ⊘ 【中心点、半径】, 在 Front 视图中绘制圆形曲线①②③, 并在 Right 视图中移动到如图所示位置; 在 Right 视图中, 过曲线①②③的圆心绘制直线④, 如图 8 - 2 - 37 所示。

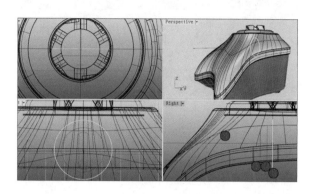

图 8 - 2 - 37

(36) 执行命令 ⚏ 【2D 旋转】, 将四条曲线移动并旋转到如图 8 - 2 - 38 所示位置。

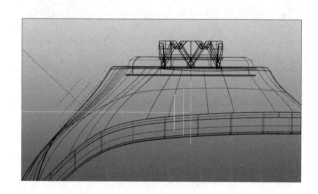

图 8 - 2 - 38

(37) 在 Front 视图中, 执行命令 ▱ 【投影曲线】, 将曲线③投影到底座上去, 如图 8 - 2 - 39 所示。

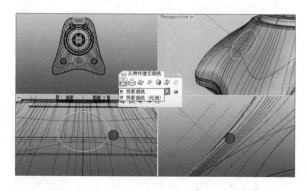

图 8 - 2 - 39

(38) 在 Right 视图中, 执行命令 ▱ 【矩形平面对角点】绘制如图所示平面, 再执行命令 ▱

【物件交集】，得到两条曲线与平面的交点，如图8－2－40所示。

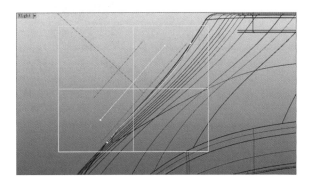

图 8－2－40

（39）执行命令 ⬚ 【控制点曲线】，打开"物件锁点【点】"，捕捉上一步生成的两个交点，绘制如图8－2－41所示曲线。

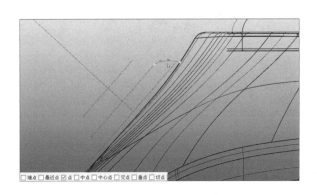

图 8－2－41

（40）执行命令 ⬚ 【双轨扫掠】，选择如图所示三条曲线分别作为轨道线和断面线，生成如图8－2－42所示曲面。

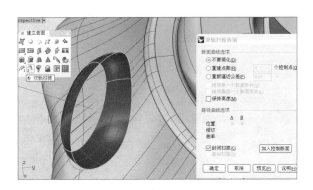

图 8－2－42

（41）执行命令 ⬚ 【挤出封闭的平面曲线】，选取如图两条曲线，分别挤出体，如图8－2－43所示。

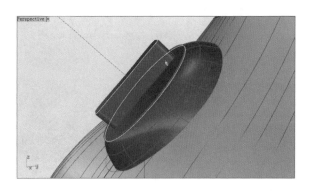

图 8－2－43

（42）复制圆柱体①，并隐藏；对多重曲面②和圆柱体①执行 ⬚ 【布尔运算差集】，如图8－2－44所示。

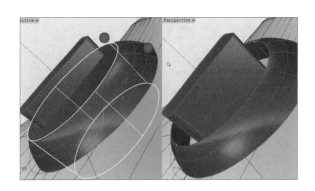

图 8－2－44

（43）显示上一步隐藏的多重曲面①；执行命令 ⬚ 【布尔运算联集】，使曲面①与曲面③联集成一个新的多重曲面；再执行命令 ⬚ 【不等距边缘圆角】，生成造型效果如图8－2－45所示。

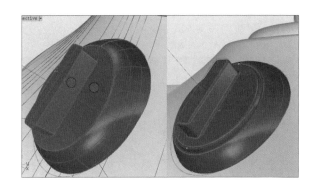

图 8－2－45

### 8.2.3　创建果汁机瓶身

这个瓶身的造型比较简单，主要难点在于瓶口的出水口处理，以及瓶身下部分与底座连接的地方。

（1）将视图切换到 Front 视图，执行命令 【控制点曲线】，绘制如图 8-2-46 所示的两条曲线。

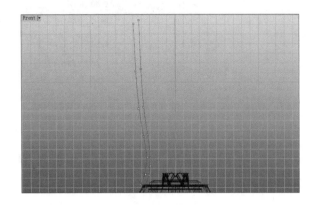

图 8-2-46

（2）执行命令 【旋转成型】，选中如图曲线，以 Front 视图的中心轴为旋转中心，生成如图 8-2-47 所示模型。

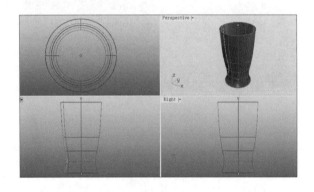

图 8-2-47

（3）在 Right 视图中，执行命令 【控制点曲线】，绘制如图 8-2-48 所示曲线。

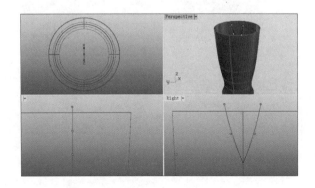

图 8-2-48

（4）执行命令 【投影曲线】，将曲线投影到瓶身曲面上，生成如图 8-2-49 所示曲线。

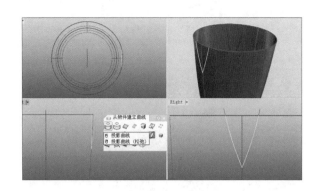

图 8-2-49

（5）执行命令 【修剪】，用投影曲线减去曲面部分，如图 8-2-50 所示。

图 8-2-50

（6）执行命令 【控制点曲线】，在 Front 视图中，过曲线①②的交点绘制曲线③；打开"物件锁点【端点】"，在 Top 视图中，绘制过曲线①②③端点的曲线⑤；再执行命令 【内插点曲线】，打开"物件锁点【最近点】"，在 Top 视图中绘制一条与曲线①②③都相交的曲线④，如图 8-2-51 所示。

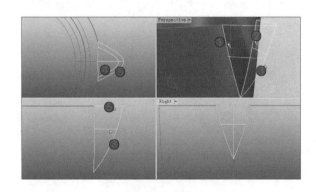

图 8-2-51

（7）执行命令 【从网格建立曲面】，先选中第一个方向曲线，再选中第二个方向的曲线，单击右键（确定）后生成如图 8-2-52 所示曲面。

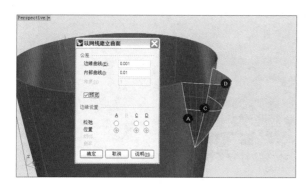

图 8-2-52

（8）执行命令 ⬛【偏移曲面】，注意这里选择"实体（S）＝是"；再执行命令 ⬛【不等距边缘圆角】，得到多重曲面如图 8-2-53 所示。

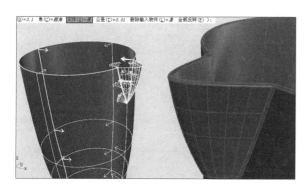

图 8-2-53

（9）在 Front 视图中，绘制如图 8-2-54 左图所示曲线①②，并以 Front 视图的中心轴为旋转中心，执行命令 ⬛【旋转成型】，生成如图 8-2-54 右图所示旋转体①②。

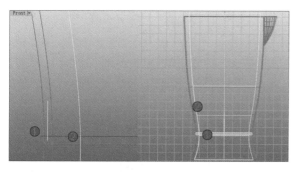

图 8-2-54

（10）执行命令 ⬛【将平面洞加盖】，将两旋转体加盖，并将旋转体②隐藏；再执行命令 ⬛【布尔运算联集】，将旋转体①和瓶体联集成一个整体，如图 8-2-55 所示。

图 8-2-55

（11）显示旋转体②，在 Front 视图中，绘制如图所示直线，执行命令 ⬛【修剪】，将旋转体②修剪，删掉直线上方的部分，并执行命令 ⬛【将平面洞加盖】将其加盖，如图 8-2-56 所示。

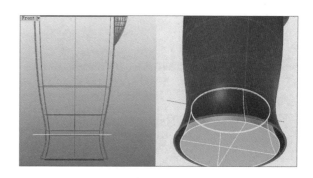

图 8-2-56

（12）执行命令 ⬛【布尔运算联集】，让两个形体结成一个整体；再执行命令 ⬛【不等距边缘圆角】，生成如图 8-2-57 所示形体。

图 8-2-57

（13）在 Right 视图中绘制如图所示矩形，并在 Front 视图中，执行命令 ⬛【2D 旋转】，使矩形旋转至如图 8-2-58 所示的位置。

（14）执行命令 ⬛【挤出封闭的平面曲线】，将曲线向左水平挤出成体，如图 8-2-59 所示。

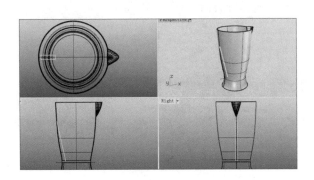

图 8-2-58

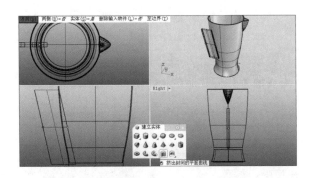

图 8-2-59

注意：软件默认的挤出方向都是垂直曲线的，要改变挤出方向，就要单击"选项栏"中的"方向"，再点击鼠标左键两次确定挤出方向（平面内，两点定线）。

（15）执行命令 【不等距边缘圆角】将挤出体倒角；再执行 【环形阵列】，将挤出体阵列成4个，如图 8-2-60 所示。

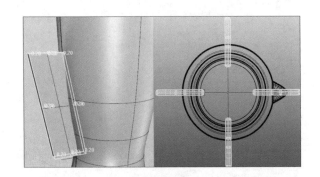

图 8-2-60

（16）执行命令 【布尔运算联集】，如图8-2-61所示。

（17）制作瓶盖：在 Top 视图和 Front 视图中，分别绘制如图 8-2-62 所示的圆和曲线。

（18）执行命令 【沿着路径旋转】（右键单击图标），先后选择轮廓曲线和路径曲线，然后确

定，生成如图 8-2-63 左图所示的旋转曲面；再执行命令 【将平面洞加盖】、 【不等距边缘圆角】，如图 8-2-63 右图所示。

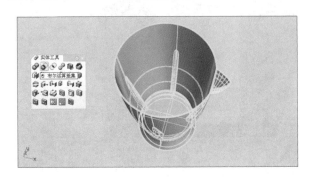

图 8-2-61

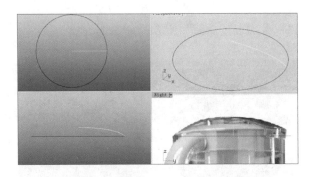

图 8-2-62

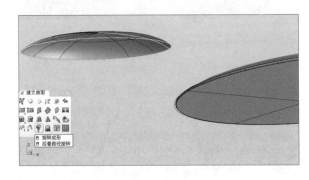

图 8-2-63

（19）在 Front 视图中，沿瓶身内壁绘制如图8-2-64 所示的两条曲线。

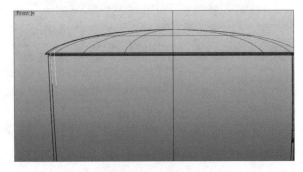

图 8-2-64

（20）执行命令 ⬚【旋转成型】，以 Front 视图的中心轴线为旋转中心，得到两个旋转曲面；再执行命令 ⬚【将平面洞加盖】，将这两个旋转曲面加盖，如图 8-2-65 所示。

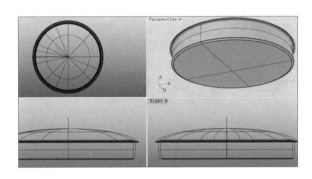

图 8-2-65

（21）执行命令 ⬚【布尔运算差集】，将这两个旋转体进行差集运算，得到如图 8-2-66 左图所示型体；再执行命令 ⬚【布尔运算联集】，让盖子①与边缘②结合成一个整体；再执行命令 ⬚【不等距边缘圆角】，如图 8-2-66 所示。

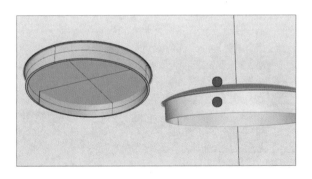

图 8-2-66

（22）在 Right 视图中，绘制如图曲线，并执行命令 ⬚【挤出封闭的平面曲线】，如图 8-2-67 所示。

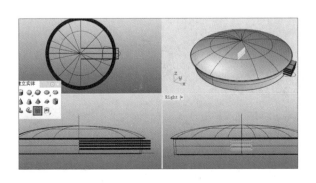

图 8-2-67

（23）执行命令 ⬚【布尔运算差集】；再执行命令 ⬚【不等距边缘圆角】将其倒角，如图 8-2-68 所示。

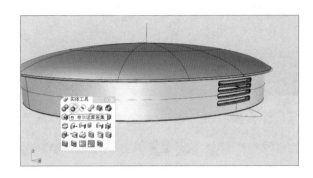

图 8-2-68

（24）在 Top 视图中绘制如图所示曲线，执行命令 ⬚【挤出封闭的平面曲线】，如图 8-2-69 所示。

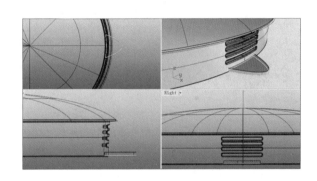

图 8-2-69

（25）执行命令 ⬚【布尔运算联集】，将挤出体与盖子结合成一个整体；再执行命令 ⬚【不等距边缘圆角】将其倒角，如图 8-2-70 所示。

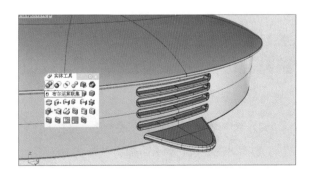

图 8-2-70

（26）在 Top 视图中，执行命令 ⬚【环形阵列】，绘制圆形并阵列；再执行命令 ⬚【挤出封闭的平面曲线】生成挤出体，如图 8-2-71 所示。

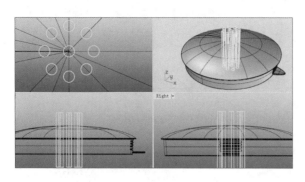

图 8-2-71

（27）执行命令 ⊙ 【布尔运算差集】，得到所示模型；再执行命令 ⬛ 【不等距边缘圆角】将其倒角，如图 8-2-72 所示。

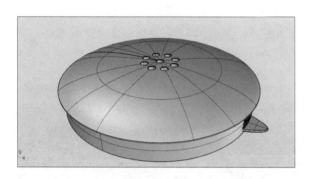

图 8-2-72

（28）执行命令 ⬚ 【控制点曲线】，在 Top 视图、Front 视图中绘制曲线①②，如图 8-2-73 所示。

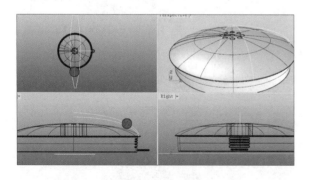

图 8-2-73

（29）执行命令 ⬛ 【旋转成型】，将曲线②旋转生成如图 8-2-74 所示曲面。

（30）执行命令 ⬛ 【挤出封闭的平面曲线】，生成如图 8-2-75 所示体；再执行命令 ⊙ 【布尔运算交集】，生成如图所示盖子的提手；再执行命令 ⬛ 【不等距边缘圆角】将其倒角，如图 8-2-75 所示。

（31）绘制如图所示圆，并执行命令 ⬛ 【挤出封闭的平面曲线】，在 Right 视图中，挤出如图 8-2-76 所示体。

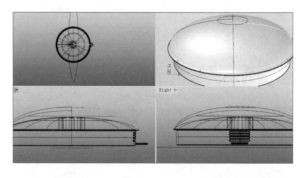

图 8-2-74

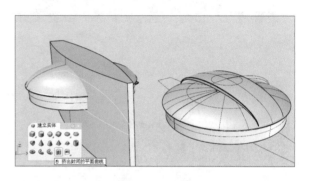

图 8-2-75

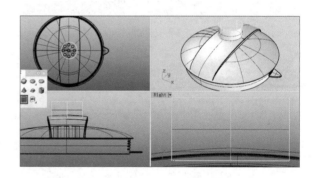

图 8-2-76

（32）执行命令 ⊙ 【布尔运算差集】剪出如图所示造型；再执行命令 ⬛ 【不等距边缘圆角】，完成瓶盖的绘制，如图 8-2-77 所示。

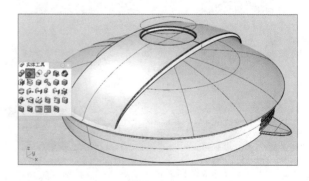

图 8-2-77

### 8.2.4 创建果汁机把手和内胆

（1）执行命令 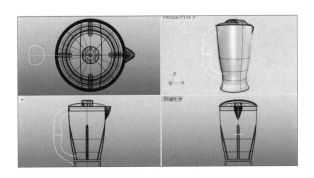 【控制点曲线】，分别在 Front 视图和 Top 视图中，绘制把手的轨道曲线和断面曲线，如图 8-2-78 所示。

图 8-2-78

（2）复制三条断面线，并对其进行 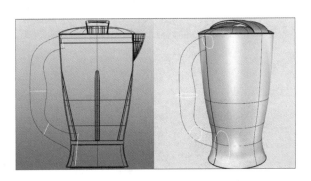 【2D 旋转】，如图 8-2-79 所示。

图 8-2-79

（3）执行命令  【双轨扫掠】，其"双轨扫掠选项"如图 8-2-80 所示。

图 8-2-80

（4）执行命令 【分割】，用把手①分割瓶体曲面②，再用瓶体曲面②分割把手①，得到把手曲面；再对把手执行命令 【不等距边缘圆角】，如图 8-2-81 所示。

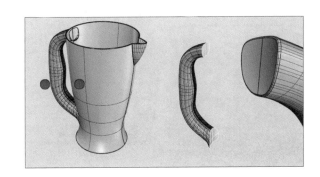

图 8-2-81

（5）制作把手分模线：在 Front 视图中，执行命令 【控制点曲线】，绘制把手分模线如图 8-2-82 所示。

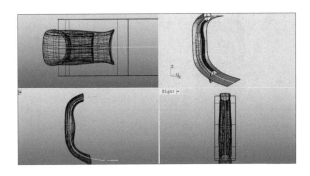

图 8-2-82

（6）重复第四步，执行命令 【分割】，用挤出的曲面分割把手，再用分割后的把手分割曲面，并将分割后的曲面复制一个；再对分割后的把手和曲面执行命令 【组合】、 【不等距边缘圆角】，得到如图 8-2-83 所示曲面。

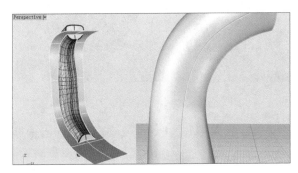

图 8-2-83

（7）内胆模型创建：绘制如图 8-2-84 所示的一条曲线和四个圆。

（8）如图 8-2-85 左图所示，分别执行命令 【双轨扫掠】、 【放样】，再执行命令 【不等距边缘圆角】，生成如图所示造型。

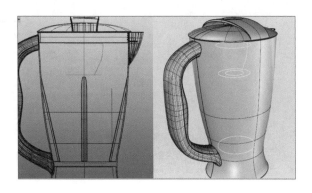

图 8-2-84

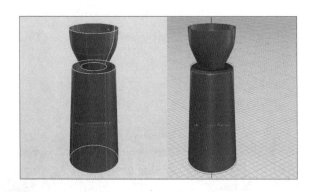

图 8-2-85

（9）执行命令 ▧【偏移曲面】，选择"实体＝是"生成多重曲面，再执行命令 ▣【不等距边缘圆角】，生成如图 8-2-86 所示曲面。

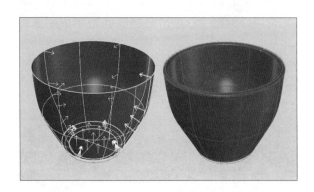

图 8-2-86

（10）在 Right 视图中，绘制如图所示曲线，并执行命令 ▣【直线挤出】生成曲面；再执行命令 ▧【环形阵列】，将曲面沿中心阵列 3 个，如图 8-2-87 所示。

（11）执行命令 ▧【偏移曲面】，将多重曲面向内偏移一个，如图 8-2-88 所示。

（12）执行命令 ▣【分割】、▧【组合】、▣【不等距边缘圆角】，如图 8-2-89 所示。

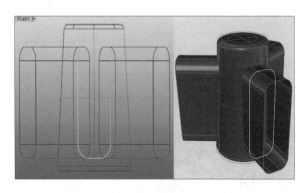

图 8-2-87

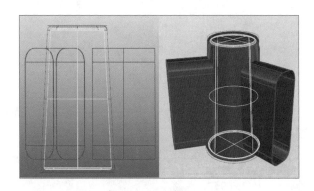

图 8-2-88

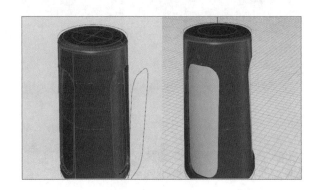

图 8-2-89

（13）至此，果汁机的把手和内胆模型创建完毕，果汁机的整体造型如图 8-2-90 所示。

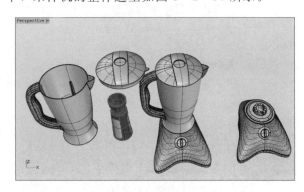

图 8-2-90

## 8.3　电熨斗

本节通过电熨斗模型的创建，学习先整体建模、再局部处理的建模方式，掌握二次建面的处理方法。所谓二次建面，是指第一次建面只获得一两条有用的线，将生成的面删掉，调整这条线到满意为止，再以调整后的线为基础进行面的重建。

**本节重难点**

1. 🔧【从两个视图的曲线】
2. 〰️【整平曲线】
3. 📐【分割边缘】
4. 二次建面

**涉及知识点**

📷【背景图】；🔧【从两个视图的曲线】；〰️【整平曲线】；📐【从网格建立曲面】；📄【以二、三、四个边缘建立曲面】；🔧【混接曲面】；📐【分割边缘】

### 8.3.1　底图处理及结构分析

从给定的底图看，本案例给定了图8-3-1、图8-3-2两张图，但是从图片的角度看，图8-3-2并不是理想的正视图，因此我们要在 Photoshop 中将这种图片进行处理，处理后如图8-3-3所示。

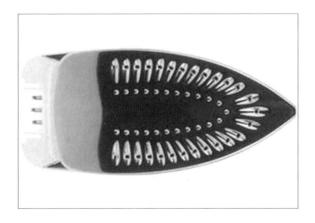

图 8-3-1

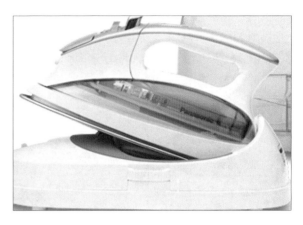

图 8-3-2

观察经过变化的正视图，发现在①②的位置，还有轻微的透视变形，因此我们在进行模型创建时，要作适当的修正。

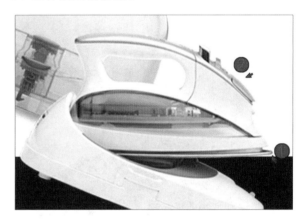

图 8-3-3

从整体来看，模型可以分为①底座、②把手、③主体等几个部分，再绘制④连接把手与主体。这几个部分分开做都比较容易，只是在做③主体的时候要进行修正。

图 8-3-4

### 8.3.2　创建主体

（1）单击视图标签（如 Front），在弹出的命令下拉栏中选择【背景图 B】,执行【放置(p)】,将背景图导入 Front 和 Top 视图中;再执行命令【缩放(C)】【移动(M)】,将背景图调整到合适的大小并对齐,如图 8-3-5 所示。

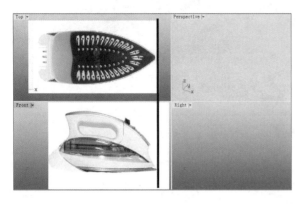

图 8-3-5

(2) 切换到 Top 视图,执行命令【控制点曲线】,绘制曲线①和对称轴②;执行命令【镜像】,将曲线①沿对称轴②镜像,如图 8-3-6 所示。

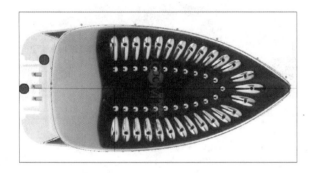

图 8-3-6

(3) 在 Front 视图中,执行命令【控制点曲线】,沿背景图轮廓绘制曲线③,如图 8-3-7 所示。

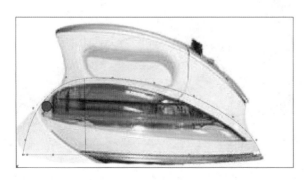

图 8-3-7

注意:由于此图不是完全的前视图,所以在曲线绘制时要进行修正。

(4) 执行命令【从断面轮廓线建立曲线】①,在透视图中依次选择曲线②③④,再右键确定,打开【正交】锁定,并在 Top 视图中绘制断面的起点和终点⑤,再单击右键确定,如图 8-3-8 所示。

(5) 执行命令【分割】,选取需要分割的曲线⑥,右键确定,再选择切割用物体②④,右键确定,将曲线分割成两部分,如图 8-3-9 所示。

(6) 在 Right 视图中,执行命令【整平曲线】,对曲线进行整平,并打开曲线的控制点(按 F10)进行调节,如图 8-3-10 所示。

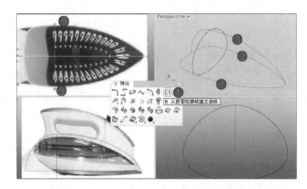

图 8-3-8

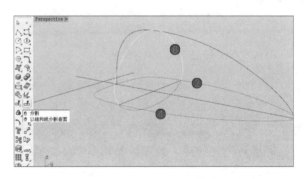

图 8-3-9

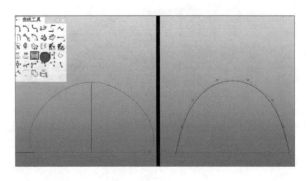

图 8-3-10

（7）执行命令  【从网格建立曲面】，依次选择两个方向上的曲线（如果曲面不是太复杂，也可以直接框选两个方向上的所有参与建面的曲线），再右键确定，如图 8 - 3 - 11 所示。

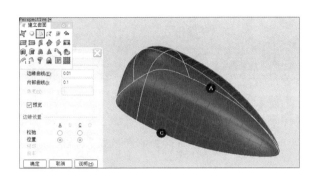

图 8 - 3 - 11

（8）执行命令 ⊙ 【以平面曲线建立曲面】，选择①②两条平面曲线，再确定，得出如图 8 - 3 - 12 所示曲面。

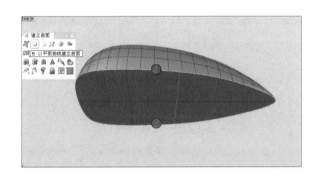

图 8 - 3 - 12

### 8.3.3　创建把手

该部分的模型创建需要注意，整个把手分成四个部分，而且②③部分都需要重建，如图 8 - 3 - 13 所示。

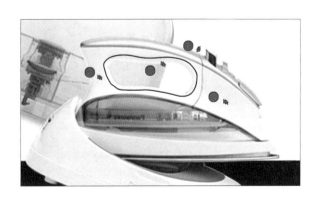

图 8 - 3 - 13

（1）将视图切换到 Front 视图，执行命令 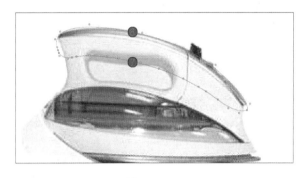 【控制点曲线】，绘制如图 8 - 3 - 14 所示两条曲线⑥⑦。

图 8 - 3 - 14

（2）执行命令 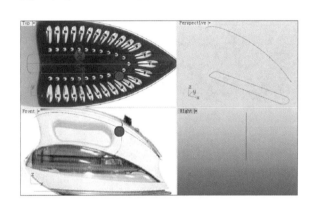 【控制点曲线】，在 Front 视图中绘制平面曲线①，在 Top 视图中绘制平面曲线②，如图 8 - 3 - 15 所示。

图 8 - 3 - 15

（3）执行命令 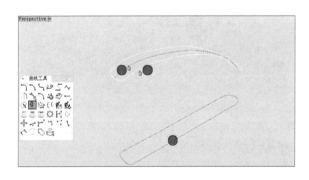 【从两个视图的曲线】，依次选中两条平面曲线①②，右键确定，生成如图 8 - 3 - 16所示的空间曲线③。

图 8 - 3 - 16

（4）执行命令  【控制点曲线】，根据把手的横截面形状，在 Right 视图中绘制把手的断面曲线，如图 8 - 3 - 17 所示。

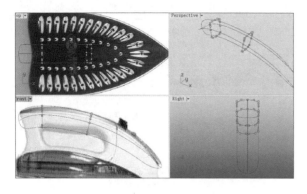

图 8-3-17

（5）执行命令 ⊡【分割】，将空间曲线分割成两部分，如图 8-3-18 所示。

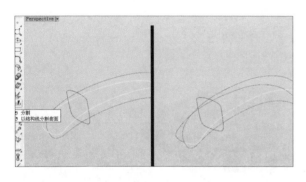

图 8-3-18

（6）执行命令 ❀【从网格建立曲面】，依次选择两个方向上的曲线，再右键确定，得到如图 8-3-19 所示曲面。

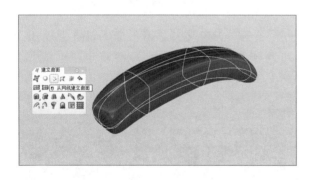

图 8-3-19

（7）执行命令 ⊡【控制点曲线】，根据把手连接处的形状，在 Front 视图中绘制把手连接处的四条平面曲线并修剪，如图 8-3-20 所示。

（8）执行命令 ▱【矩形：角对角】，在 Front 视图中绘制平面；执行命令 ❀【物件交集】，绘制把手、机身与平面三者之间的交点，如图 8-3-21 所示。

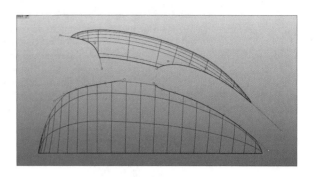

图 8-3-20

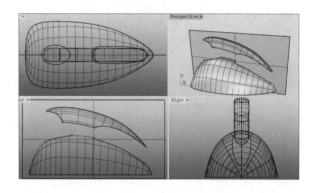

图 8-3-21

（9）执行命令 ❀【控制点曲线】，打开物件锁点【点】，参考底图，绘制如图 8-3-22 所示曲线。

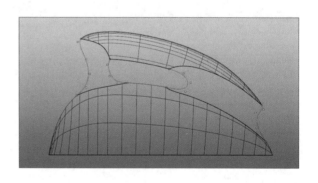

图 8-3-22

（10）执行命令 ❀【混接曲面】连接两个曲面，分别选中需要混接的两个面的边线，并在弹出的对话框中选择"曲率"或"正切"匹配，调节杠杆，使之达到要求。如果 UV 线的分布不理想，可以点击"加入断面"进行调节，如图 8-3-23 所示。

从上图可以看出，这个混合曲面并不符合要求，特别是在造型上与背景图有很大的差异，所以需要在混接曲面上提取结构线，并将结构线调节至合适的造型，进行重新建面。

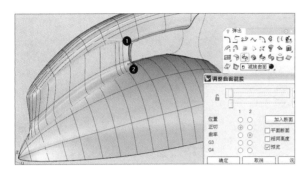

图 8 - 3 - 23

（11）执行命令【抽离线框】，在混接曲面上抽离适当的结构线（一般选择最符合最终形态的结构线），如图 8 - 3 - 24 所示。

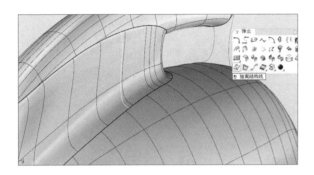

图 8 - 3 - 24

（12）调整提取的结构线：在 Right 视图中，打开所提取结构线①的控制点，并移动控制点，使其变成曲线②，如图 8 - 3 - 25 所示。

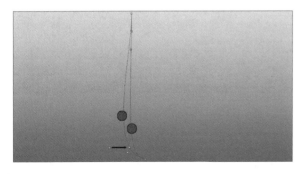

图 8 - 3 - 25

（13）在 Right 视图中，执行命令【镜像】，将曲线沿中心线对称到另外一边，如图 8 - 3 - 26 所示。

（14）执行命令【从网格建立曲面】，分别选取如图 8 - 3 - 27 所示的曲线，在弹出的对话框中的边缘设置中选择"相切"或者"曲率"。

（15）单击右键确定后，生成如图 8 - 3 - 28 所示形体。

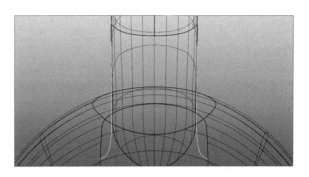

图 8 - 3 - 26

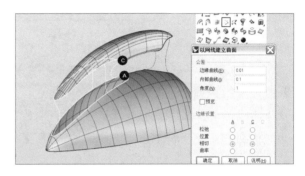

图 8 - 3 - 27

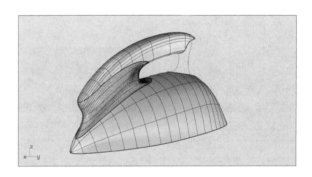

图 8 - 3 - 28

（16）执行命令【混接曲面】，分别选中需要混接的两个面的边线，并在弹出的对话框中选择"曲率"或者"正切"匹配，调节杠杆，使之达到要求，如图 8 - 3 - 29 所示。

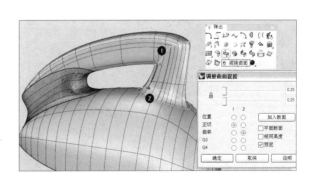

图 8 - 3 - 29

（17）执行命令【抽离线框】，在混接曲面上抽离最符合最终形态的结构线，如图 8 - 3 - 30 所示。

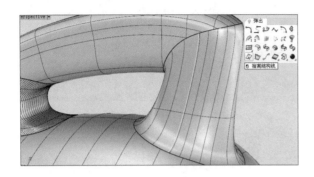

图 8 - 3 - 30

（18）重复十一至十三步：在 Right 视图中，打开所提取结构线①的控制点，移动控制点，使其变成曲线②；再执行命令【镜像】，将曲线沿中心对称到另外一边，如图 8 - 3 - 31 所示。

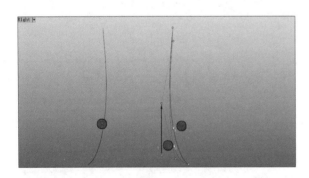

图 8 - 3 - 31

（19）执行命令【从网格建立曲面】，分别选取如图 8 - 3 - 32 所示的曲线，在弹出的对话框中选择 "相切" 或者 "曲率"，得到如图所示曲面。

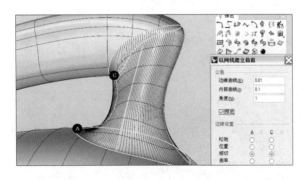

图 8 - 3 - 32

（20）整体模型如图 8 - 3 - 33 所示。

（21）执行命令【控制点曲线】，在 Front 视图中，按照底图绘制如图 8 - 3 - 34 所示曲线。

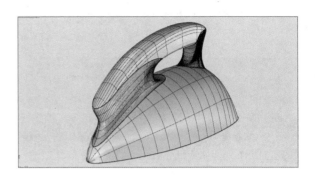

图 8 - 3 - 33

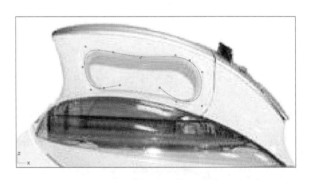

图 8 - 3 - 34

（22）执行命令【修剪】，用曲线去修剪掉把手需要重建的部分，如图 8 - 3 - 35 所示。

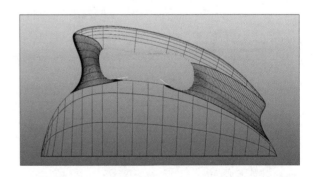

图 8 - 3 - 35

（23）执行命令【矩形平面对角点】，在 Front 视图中绘制矩形平面，并执行【物件交集】得出平面和电熨斗的交线①，如图 8 - 3 - 36 所示。

（24）执行命令【控制点曲线】，打开物件锁点【端点】，过曲线①的两个端点，按照底图造型，绘制曲线②，如图 8 - 3 - 37 所示。

（25）执行命令【直线挤出】，沿水平面单方向挤出曲面②，如图 8 - 3 - 38 所示。

（26）分割曲面边缘：打开物件锁点【端点】，执行命令【分割边缘】，选中要分割的边缘，让

【端点】锁定捕捉到曲线②的两个端点，单击右键，使边缘分割成③④⑤⑥四个部分，如图 8 - 3 - 39 所示。

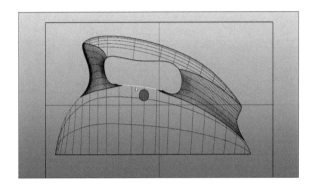

图 8 - 3 - 36

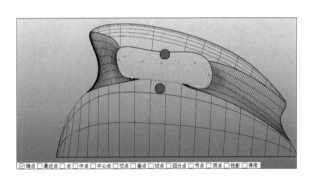

图 8 - 3 - 37

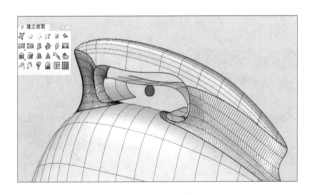

图 8 - 3 - 38

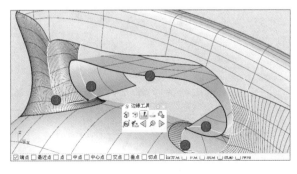

图 8 - 3 - 39

（27）重复上面步骤，执行 【分割边缘】，打开物件锁点【端点】，将两条曲面边缘分别分割成①②③④⑤五个对应部分，如图 8 - 3 - 40 所示。

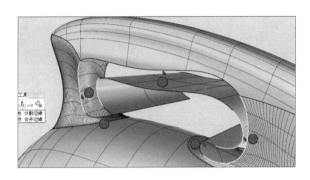

图 8 - 3 - 40

（28）执行命令 【混接曲面】，分别选择曲面的边缘，并调节"调整曲面混接"选项，如图 8 - 3 - 41 所示。

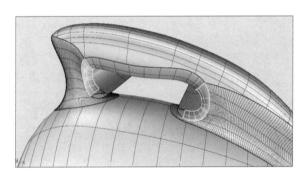

图 8 - 3 - 41

（29）重复上面步骤，执行命令 【混接曲面】，分别生成如图 8 - 3 - 42 所示曲面。

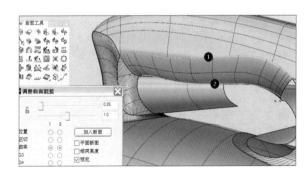

图 8 - 3 - 42

（30）执行命令 【以二、三、四个边缘建立曲面】，选择曲面边缘，生成如图 8 - 3 - 43 所示的曲面①②。

（31）执行命令 【镜像】，将把手左边部分镜像到右边，如图 8-3-44 所示。

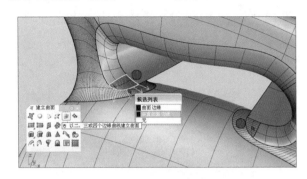

图 8-3-43

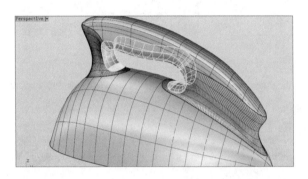

图 8-3-44

至此，把手和机身的初步形体创建就完成了，接下来就是对机身和把手细节的刻画。

### 8.3.4 形体分割及细节刻画

（1）执行命令 🖼️【控制点曲线】，根据底图，绘制如图所示①②③三条曲线，复制且移动曲线③，使之生成曲线④，如图 8-3-45 所示。

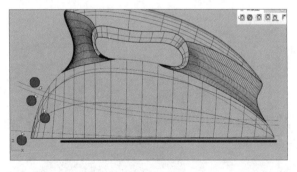

图 8-3-45

（2）在 Front 视图中，执行命令 🛢️【投影曲线】，将曲线②④投影到电熨斗上，如图 8-3-46 所示。

（3）执行命令 🖼️【矩形平面对角点】，在 Right 视图中绘制矩形；再执行命令 🛢️【投影曲

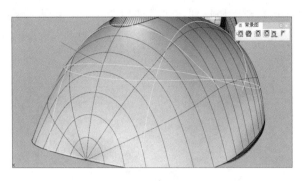

图 8-3-46

线】，将矩形投影到电熨斗上；再执行命令 🛠️【分割】，用投影曲线分割电熨斗曲面，如图 8-3-47 所示。

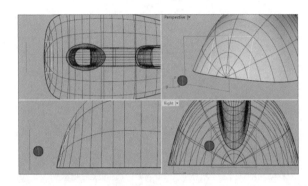

图 8-3-47

（4）执行命令 🔲【直线挤出】，将曲线②③挤出如图 8-3-48 所示曲面。

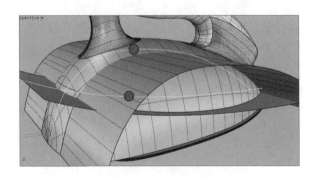

图 8-3-48

（5）执行命令 🛠️【分割】，将整个熨斗曲面分割成几个曲面，如图 8-3-49 所示。

（6）执行命令 🔲【直线挤出】，将曲线①挤出生成曲面①；再执行命令 🛠️【修剪】，将电熨斗底部剪掉，如图 8-3-50 所示。

（7）执行命令 🛠️【修剪】，用电熨斗剪去曲面①中多余的部分，如图 8-3-51 所示。

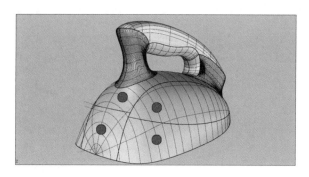

图 8-3-49

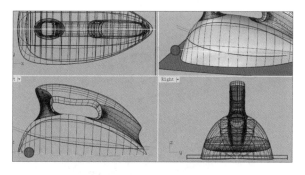

图 8-3-50

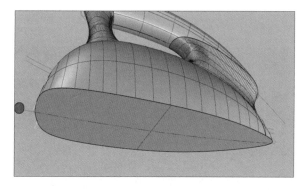

图 8-3-51

（8）在 Top 视图中绘制如图所示曲线，并执行命令【直线挤出】生成曲面③，如图 8-3-52 所示。

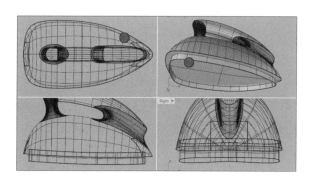

图 8-3-52

（9）将曲线①复制一条，向下移动到②的位置；执行命令【直线挤出】，将曲线①②沿水平方向挤出，生成挤出曲面①②；再执行命令【修剪】，用挤出曲面①②与曲面③相互修剪，如图8-3-53所示。

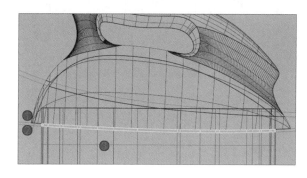

图 8-3-53

（10）将修剪后的形体进行倒角处理，如图 8-3-54所示。

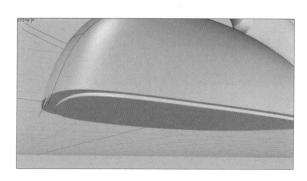

图 8-3-54

（11）重复执行第七至九步的命令，制作电熨斗的底部，并执行命令【布尔运算差集】，制作出底部的出气孔，如图 8-3-55 所示。

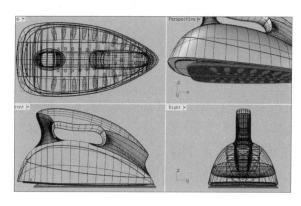

图 8-3-55

（12）制作电熨斗的后插头口：在 Right 视图中绘制如图 8-3-56 所示的曲线。

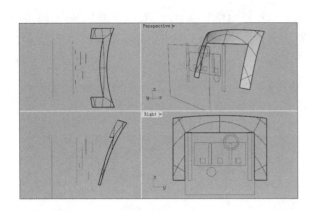

图 8-3-56

（13）执行命令 ▣【直线挤出】，完成后插头口的绘制，如图 8-3-57 所示。

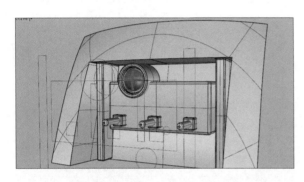

图 8-3-57

（14）根据底图电熨斗造型，在 Front 视图中绘制两条曲线，如图 8-3-58 所示。

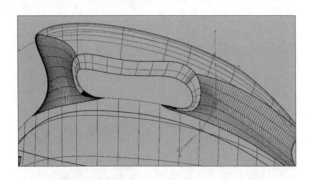

图 8-3-58

（15）执行命令 ▣【直线挤出】、▣【分割】，将电熨斗把手分割成如图 8-3-59 所示的几部分。

（16）执行命令 ▣【不等距边缘圆角】，将各个部分单独进行倒角处理，绘制出的整体形态如图 8-3-60 所示。

（17）把手按键制作：执行命令 ▣【控制点曲线】，在 Top 视图中绘制如图所示曲线，再执行命令 ▣【投影曲线】，将两条曲线分别投影到把手的

上下两个面上，如图 8-3-61 所示。

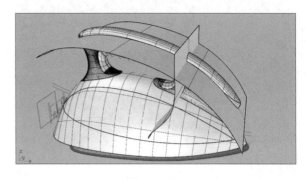

图 8-3-59

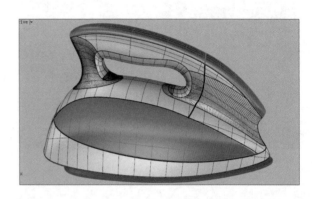

图 8-3-60

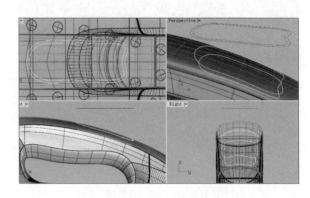

图 8-3-61

（18）先后执行命令 ▣【分割】、▣【放样】、▣【组合】、▣【不等距边缘圆角】，绘制出如图 8-3-62 所示形体。

（19）在 Top 视图中，执行命令 ▣【控制点曲线】，绘制如图所示曲线，并执行命令 ▣【投影曲线】、▣【直线挤出】、▣【分割】、▣【组合】、▣【不等距边缘圆角】等，绘制如图 8-3-63 所示开关形体。

（20）在 Front 视图中，执行命令 ▣【控制点曲线】，绘制如图 8-3-64 所示的两条曲线。

图 8 - 3 - 62

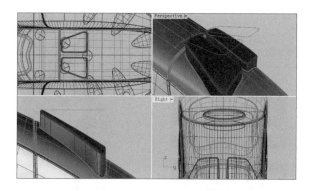

图 8 - 3 - 63

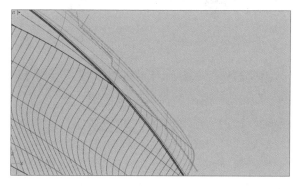

图 8 - 3 - 64

（21）执行命令 【直线挤出】，将两条曲线挤出两个曲面，如图 8 - 3 - 65 所示。

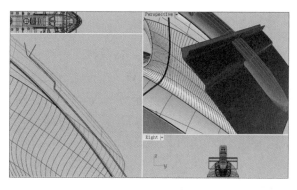

图 8 - 3 - 65

（22）执行命令 【分割】，用上一步挤出的曲面，将曲面分割成如图 8 - 3 - 66 所示的两个部分，并删除中间不要的部分。

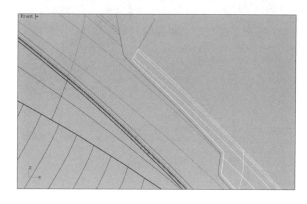

图 8 - 3 - 66

（23）执行命令 【复制边界】，生成曲面边界线，并将此边界线缩放，向下移动至如图 8 - 3 - 67 的位置。

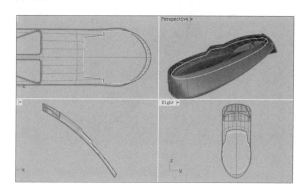

图 8 - 3 - 67

（24）先后执行命令 【放样】、 【组合】、 【不等距边缘圆角】，生成曲面倒角如图 8 - 3 - 68 所示。

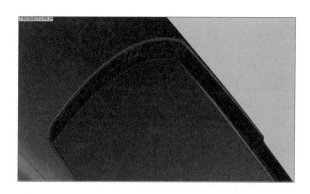

图 8 - 3 - 68

（25）执行命令 【偏移曲面】，在命令选项栏中，选择"实体（s）＝是"，生成如图 8 - 3 - 69

所示形体。

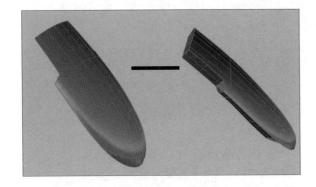

图 8-3-69

（26）执行命令 ▦【不等距边缘圆角】，先倒半径较大的角，再倒半径较小的角，生成形体如图 8-3-70 所示。

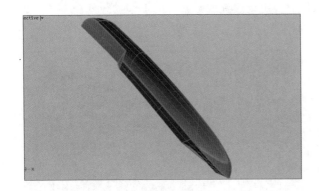

图 8-3-70

（27）再制作模型上的一些小部件，整体的模型就创建完毕。

## 8.4 剃须刀

本节通过剃须刀模型的创建，重点学习 ▦【背景图】的使用、▦【从两个视图的曲线】、▦【偏移曲面上的曲线】、▦【从网格建立曲面】等命令在建模过程中的使用方法和注意事项。

### 本节重难点

1. ▦【背景图】命令的运用
2. ▦【从两个视图的曲线】命令的运用
3. 旋转部件的绘制

### 涉及知识点

▦【背景图】；▦【内插点曲线】；▦【从两个视图的曲线】；▦【物件交集】；▦【偏移曲面上的曲线】；▦【从网格建立曲面】；▦【双轨扫掠】；▦【混接曲面】

### 8.4.1 案例说明及结构分析

本案例在模型创建上比较简单，主要是由两个完整的平面视图作底图进行创建。如图 8-4-1 所示，模型可以分成①②③三个部分。

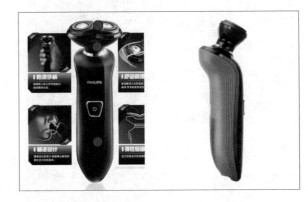

图 8-4-1

主体部分①（剃须刀主体模型创建），可以运用 ▦【从两个视图的曲线】来完成，这个部分要求准确绘制两个视图中对应的平面线，才能获得比较准确的空间线。

②③两个部分在建模方面没有太大的难度。需要注意的是，这两个部分模型与水平面呈一定夹角，但是我们不用在这个方向上进行模型创建，可以先在水平面上完成这部分，再旋转到合适的角度，从而完成模型创建。

### 8.4.2 创建剃须刀主体

（1）单击视图标签（如 Front），在弹出的命令下拉栏中选择【背景图 B】，执行【放置（p）】，将背景图导入 Front 和 Top 视图中；再执行命令【缩放（C）】【移动（M）】，将背景图调整到合适的大小并对齐，如图 8-4-2 所示。

（2）执行命令 ▦【控制点曲线】，在 Front 视图和 Right 视图中，绘制曲线①②，如图 8-4-3 所示。

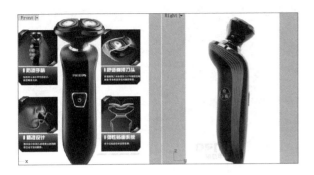

图 8-4-2

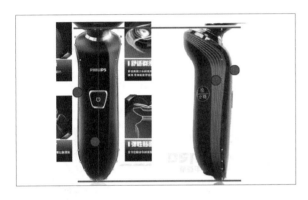

图 8-4-3

注意：这里两条曲线的上下两点的高度必须相同，因为这两条曲线毕竟是同一条空间线在两个视图中的投影。

（3）执行命令 ➌【从两个视图的曲线】，选取平面曲线①②，生成空间曲线③，如图 8-4-4 所示。

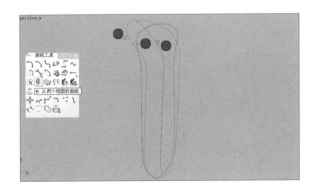

图 8-4-4

（4）重复第二步，在 Right 视图和 Front 视图中，绘制平面曲线④⑤，如图 8-4-5 所示。

（5）执行命令 ➌【从两个视图的曲线】，选取平面曲线④⑤，生成空间曲线⑥，至此，两条空间曲线都完成了，如图 8-4-6 所示。

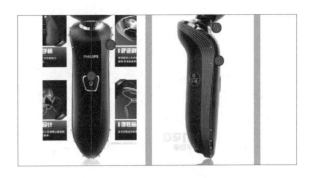

图 8-4-5

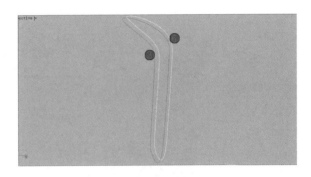

图 8-4-6

（6）执行命令 ▣【控制点曲线】，在 Right 视图中，绘制如图所示曲线⑦；再执行命令 ▣【分割】，将空间曲线③分割成两部分，如图 8-4-7 所示。

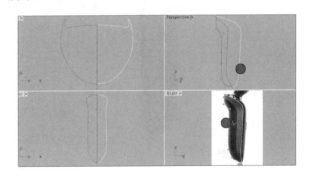

图 8-4-7

（7）打开物件锁点【最近点】，执行命令 ▣【内插点曲线】，在 Top 视图中，过三条轮廓曲线，绘制一条断面曲线，将这条断面曲线调节到理想的形态，并复制 4 条，再缩放、移动至如图 8-4-8 所示位置。

（8）执行命令 ▣【从网格建立曲面】，选中上述曲线，生成如图 8-4-9 所示曲面。

（9）重复执行上述六、七、八三个步骤，先后生成图 8-4-10、图 8-4-11、图 8-4-12。

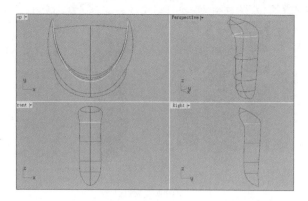

图 8-4-8

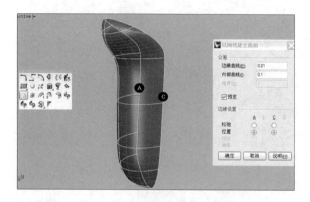

图 8-4-9

图 8-4-10

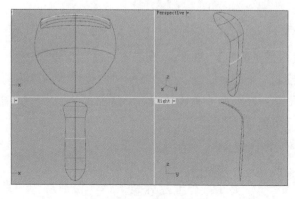

图 8-4-11

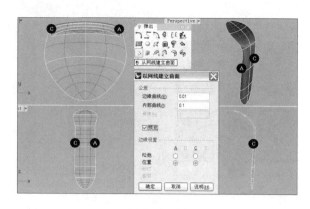

图 8-4-12

（10）执行命令 🗆【物件交集】，在 Right 视图中绘制平面，确定出两条空间曲线和平面的交点，并执行命令 🗆【控制点曲线】，连接这两个交点，如图 8-4-13 所示。

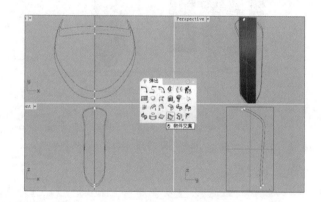

图 8-4-13

（11）执行命令 🗆【双轨扫掠】，根据命令提示，依次选中上述曲线，绘制出如图 8-4-14 所示曲面。

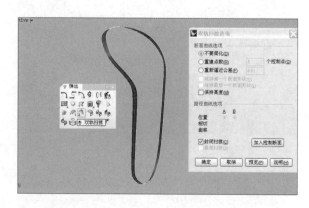

图 8-4-14

（12）模型的主体外形就创建完毕，如图 8-4-15所示，下面就是对外形进行细节刻画。

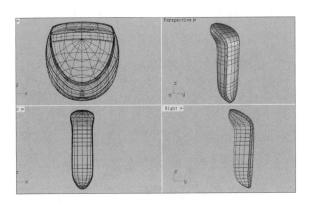

图 8 - 4 - 15

（13）在 Right 视图中，执行命令 ⊞【控制点曲线】，绘制如图 8 - 4 - 16 所示的五条曲线。

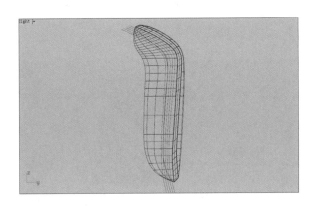

图 8 - 4 - 16

（14）在 Right 视图中，执行命令 ⬚【投影曲线】，将曲线投影至剃须刀上；执行命令 ⬙【圆管（平头盖）】，以这五条投影曲线为基准建立封闭圆管；再执行命令 ⬢【布尔运算差集】，绘制出如图 8 - 4 - 17 所示型体。

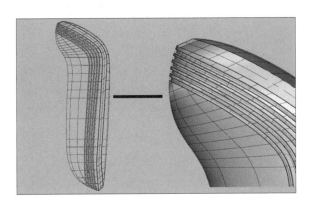

图 8 - 4 - 17

（15）执行命令 ⬛【不等距边缘圆角】，将模型中各个边缘进行倒角，得到如图 8 - 4 - 18 所示造型。

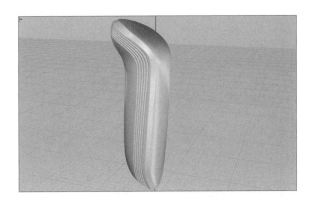

图 8 - 4 - 18

### 8.4.3　创建刀头

（1）在 Top 视图中，执行命令 ⬚【控制点曲线】，绘制曲线组①；再将曲线组①旋转、移动到②的位置，如图 8 - 4 - 19 所示。

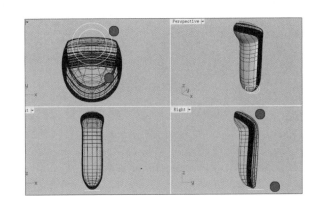

图 8 - 4 - 19

（2）在 Right 视图中，执行命令 ⬛【直线挤出】，沿曲线垂直方向挤出曲面，如图 8 - 4 - 20 所示。

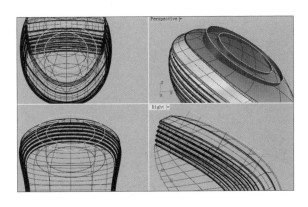

图 8 - 4 - 20

（3）执行命令 ⬛【分割】，用挤出的曲面去分割剃须刀模型，将多余的部分删掉，再参考底图，移动曲面①到适当的位置，如图 8 - 4 - 21 所示。

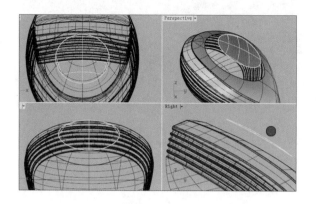

图 8 - 4 - 21

（4）执行命令 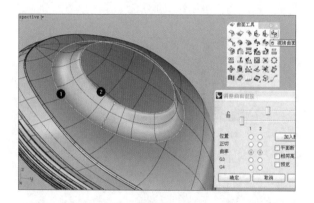 【混接曲面】，再调节"调节曲面混接"选项，如图 8 - 4 - 22 所示。

图 8 - 4 - 22

（5）执行命令 【复制边界】，复制出边界曲线①；再执行命令 【偏移曲面上的曲线】，点击"通过点（T）"（可以任意选择偏移的距离），偏移出曲线②，如图 8 - 4 - 23 所示。

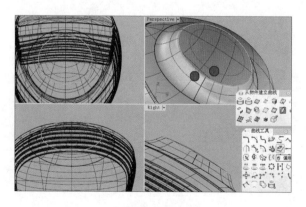

图 8 - 4 - 23

（6）执行命令 【修剪】，用偏移曲线②去修

剪曲面，并将其移动到适当的位置，如图 8 - 4 - 24 所示。

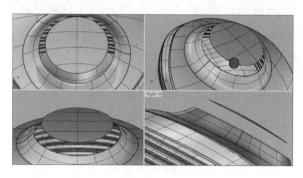

图 8 - 4 - 24

（7）选中图示两条曲线，执行命令 【放样】；再执行命令 【组合】、 【不等距边缘圆角】，绘制出如图 8 - 4 - 25 所示造型。

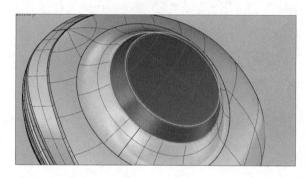

图 8 - 4 - 25

（8）在 Top 视图中绘制四条曲线，如图 8 - 4 - 26 所示。

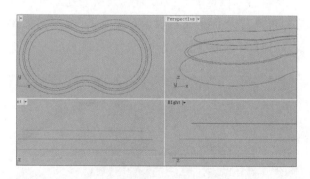

图 8 - 4 - 26

（9）对四条平面曲线均执行命令 【以平面曲线建立曲面】，生成 4 个平面；再依次选相邻两条曲线，执行命令 【放样】，生成如图 8 - 4 - 27 所示曲面。

（10）在 Top 视图中，绘制两组同心圆，如图 8 - 4 - 28 所示。

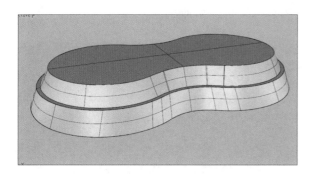

图 8 - 4 - 27

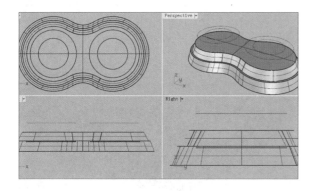

图 8 - 4 - 28

（11）在 Front 视图中，执行命令▣【直线挤出】，如图 8 - 4 - 29 所示。

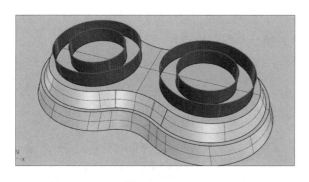

图 8 - 4 - 29

（12）执行命令▣【分割】，删除多余的部分，如图 8 - 4 - 30 所示。

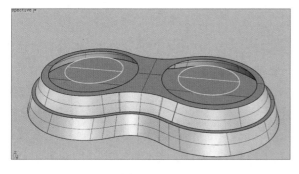

图 8 - 4 - 30

（13）将边缘曲线①②连同曲面②向下垂直移动到合适的位置；在 Front 视图中，绘制曲线③，如图 8 - 4 - 31 所示。

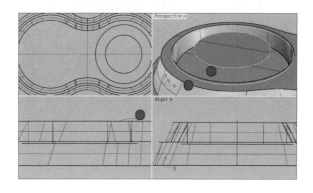

图 8 - 4 - 31

（14）选择如图所示曲线，执行命令▣【双轨扫掠】，如图 8 - 4 - 32 所示。

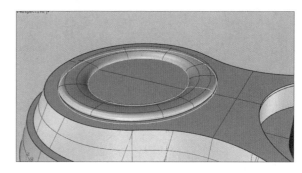

图 8 - 4 - 32

（15）在 Front 视图中，执行命令▣【控制点曲线】绘制曲线①；再执行命令▣【挤出封闭的平面曲线】，生成实体②；再执行命令▣【布尔运算差集】，如图 8 - 4 - 33 所示。

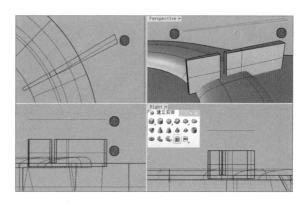

图 8 - 4 - 33

（16）在 Top 视图中，对实体②执行命令▣【环形阵列】，如图 8 - 4 - 34 所示。

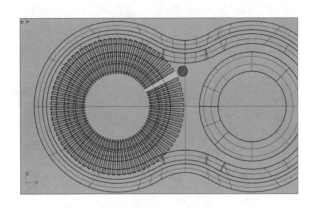

图 8 - 4 - 34

（17）执行命令 【布尔运算差集】，如图 8 - 4 - 35所示。

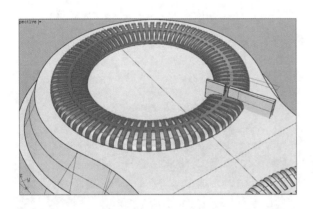

图 8 - 4 - 35

（18）执行命令 【不等距边缘圆角】，将相关曲面进行倒角；再绘制曲线，执行命令 【旋转成型】，生成旋转体①，并对称到另外一边，如图 8 - 4 - 36 所示。

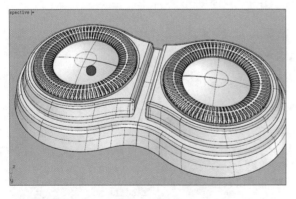

图 8 - 4 - 36

（19）执行命令 【控制点曲线】，根据底图造型，绘制曲线①②③④，如图 8 - 4 - 37 所示。

（20）执行命令 【从网格建立曲面】，生成

如图 8 - 4 - 38 所示曲面。

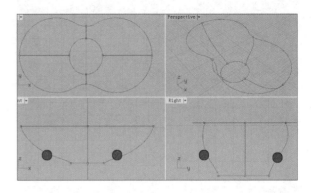

图 8 - 4 - 37

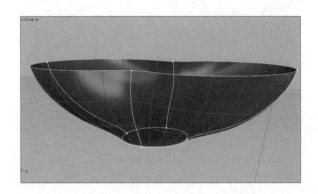

图 8 - 4 - 38

（21）执行命令 【将平面洞加盖】；再执行命令 【不等距边缘圆角】，绘制复合体①②，如图 8 - 4 - 39 所示。

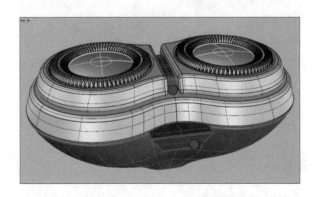

图 8 - 4 - 39

（22）执行命令 【2D 旋转】，将刀头旋转大约 30 度到如图 8 - 4 - 40 所示的位置。

（23）在 Front 视图中，绘制如图 8 - 4 - 41 所示的平面曲线。

（24）先后执行命令 【直线挤出】、 【修剪】、 【放样】、 【不等距边缘圆角】等，绘制如图 8 - 4 - 42 所示按钮。

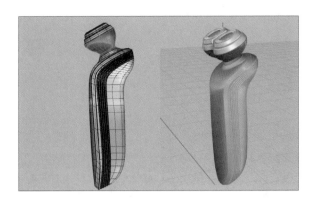

图 8 - 4 - 40

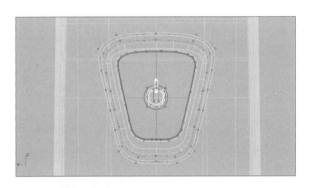

图 8 - 4 - 41

图 8 - 4 - 42

（25）制作充电器插口，如图 8 - 4 - 43 所示。

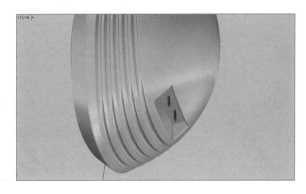

图 8 - 4 - 43

（26）至此，剃须刀的整体造型完成了，如图 8 - 4 - 44所示。

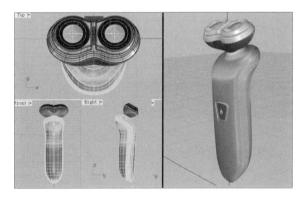

图 8 - 4 - 44

# 第9章　首饰综合实例 level 1

## 9.1　时来运转戒

本节通过戒指模型的创建，重点学习 【环形阵列】、 【以平面曲线建立曲面】、 【放样】、 【挤出平面】、 【布尔运算差集】、 【不等距边缘圆角】等命令在建模过程中的使用方法和注意事项。

**本节重难点**

　　 【环形阵列】

**涉及知识点**

　　 【环形阵列】； 【以平面曲线建立曲面】； 【放样】； 【圆管（平头盖）】； 【挤出平面】； 【挤出封闭的平面曲线】； 【布尔运算差集】； 【不等距边缘圆角】

### 9.1.1　案例说明及结构分析

本案例比较简单，整体分为①②两个部分。①所用到的主要命令是 【环形阵列】，②则更简单，可以完成该模型的方法很多，如直线挤出、以平面线建面、双轨扫掠等。

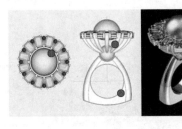

图 9-1-1

### 9.2.2　戒圈模型

（1）单击 【控制点曲线】在 Front 视图中绘制曲线，并在 Right 视图中将其移动到合适位置，再在 Right 视图或者 Top 视图中执行 【镜像】命令，完整曲线如图 9-1-2 所示。

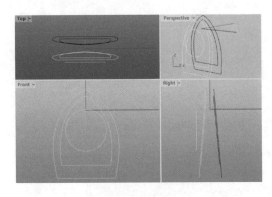

图 9-1-2

（2）单击 【以平面曲线建立曲面】创建平面①②③④，点击命令 【放样】绘制曲面⑤，再点击 【挤出平面】而成体⑥和⑦，如图 9-1-3 所示。

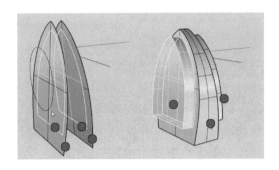

图 9-1-3

（3）先执行 【布尔运算差集】，将戒指的内凹曲面修剪出来，再绘制曲线①②，并执行 【挤出封闭的平面曲线】，生成圆柱体①和曲面②，如图 9-1-4 所示。

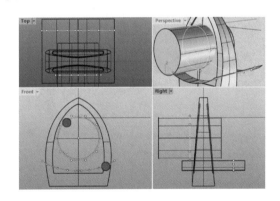

图 9-1-4

（4）执行 【布尔运算差集】、【不等距边缘圆角】等命令，如图 9-1-5 所示。

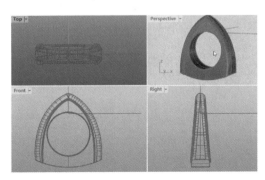

图 9-1-5

（5）在 Top 视图中绘制两个同心圆，并执行 【放样】、【挤出平面】、【不等距边缘圆角】

①；再在 Top 视图中绘制矩形，并挤出为长方体②，再执行 【不等距边缘斜角】成型③，并复制一个堆叠在一起作为戒指托④；导入八角宝石⑤，并以此去修剪戒指托④，整体如图 9-1-6 所示。

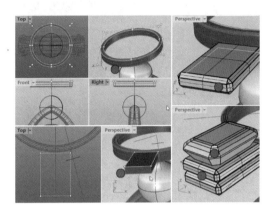

图 9-1-6

（6）绘制戒指爪②③④，并将戒指托、宝石、戒指爪一起旋转 15°到①，如图 9-1-7 所示。

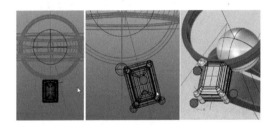

图 9-1-7

（7）绘制曲线，执行 【圆管（平头盖）】生成首尾大小不同的圆管①，再导入宝石模型，并根据圆管大小制作包镶镶口②，将这几个单体作为一个阵列组合，如图 9-1-8 所示。

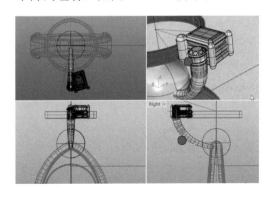

图 9-1-8

（8）执行【环形阵列】，选中阵列组合①围绕中心阵列 12 个，并绘制球形玉石②，如图 9-1-9 所示。

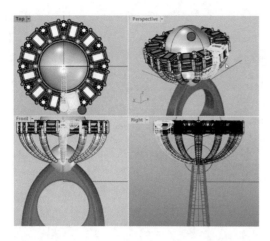

图 9-1-9

（9）至此，整个模型创建完毕，其正面视图如图 9-1-10 所示。

图 9-1-10

## 9.2  反带挂饰

本节通过反带挂饰模型的创建，重点学习 [2]【双轨扫掠】和 [8]【混接曲面】等命令在建模过程中的使用方法和注意事项。

**本节重难点**

1. 空间线调节
2. [8]【混接曲面】的修正

**涉及知识点**

[2]【双轨扫掠】；[8]【混接曲面】；[3]【修剪】；[2]【内插点曲线】；[8]【抽离结构线】；[8]【物件交集】

### 9.2.1  案例说明及结构分析

本案例形态理解起来比较简单，是首饰中常用的反带，但在造型时应该注意三个方面：

其一，对于反带造型的创建，我们很容易想到用"曲面偏移"来实现，但是仔细观察曲面的走势可以发现各个转折处造型都不规则①，因此只是简单地采用曲面偏移是没有办法实现的。

其二，从造型可以得出，每一条反带内外两个面的弯曲程度和造型都有很大的差异，因此我们需要创建两个独立的面②，然后混接而成。

其三，创建曲面的断面线时要注意，无论是正面曲面还是背面曲面，它们的断面线整体上都是向外凸③，因此我们创建这个模型主要采用 [2]【双轨扫掠】和 [8]【混接曲面】，而模型创建的难点则在于 8 条轨道空间线的创建，如图 9-2-1 所示。

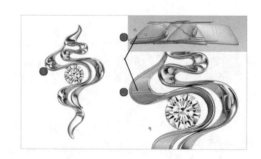

图 9-2-1

### 9.2.2  模型创建

（1）在 Front 视图和 Right 视图中导入底图，然后在 Front 视图中绘制两条轨道曲线，并在 Right 视图中调整成需要的形态，如图 9-2-2 所示（Right 视图调节曲线时最好打开"正交"）。

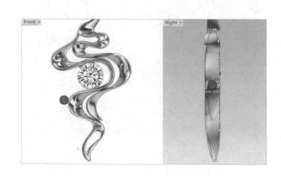

图 9-2-2

（2）重复步骤一，沿反带造型绘制另外两条轨道曲线（蓝色），至此，左边这条反带所需要的四条轨道（用来创建内外两面）已经创建完毕，如图 9-2-3 所示。

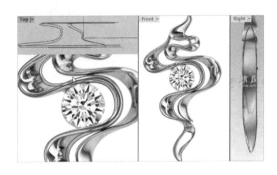

图 9-2-3

（3）为即将要创建的 2 个曲面绘制 6 组断面线①②③④⑤⑥。

注意：图中红色和蓝色线分别为各自曲面的轨道线（蓝色曲线对应外曲面，红色曲线对应内曲面），两个曲面的断面线的总体走势都是向外凸（看放大的 Top 视图中②③④⑤能更清楚断面线的相互关系）。此外也要根据反带的走势，细致观察②④与⑤处的断面线差异。如图 9-2-4 所示。

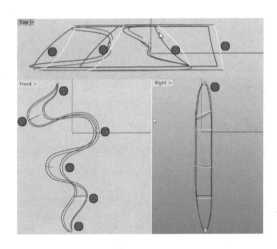

图 9-2-4

（4）执行命令【双轨扫掠】，分别生成两个单独的曲面，其具体细节可以观察其转折处①的放大图（右图），如图 9-2-5 所示。

（5）执行命令【混接曲面】，调节混接选项，并在弯曲的转变较大的地方加入断面曲线，以对其 UV 线进行修正，如图 9-2-6 所示。最终的生成曲面如图 9-2-7 所示，可以看出反带的首尾出现了烂面，接下来需要对这个部分进行分割和重建。

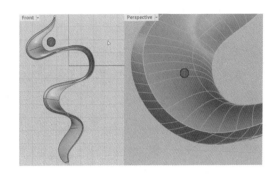

图 9-2-5

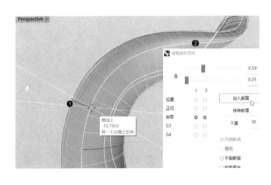

图 9-2-6

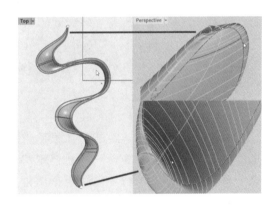

图 9-2-7

（6）将混接曲面中的烂面部分裁剪掉，首尾两部分裁剪后状况如图 9-2-8 所示。

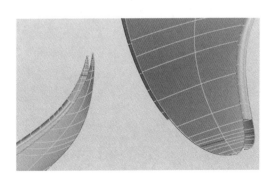

图 9-2-8

（7）在两个面上分别抽离结构线②和③，再绘制曲线①，使之结构线②③衔接呈 G2 连续，执行命令🔲【双轨扫掠】，生成曲面如图 9-2-9 所示。同理可以做出另外一个面的重建，该反带的整体造型和重建的两个局部如图 9-2-10 所示。

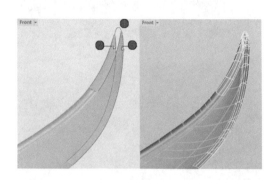

图 9-2-9

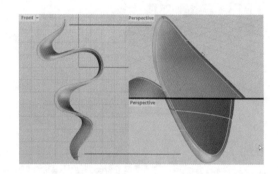

图 9-2-10

（8）重复步骤一至三，绘制第二根反带的轨道和断面线，两个曲面的断面线的总体走势都是向外凸，具体关系参考步骤三，并根据反带的走势，调整各个断面线。如图 9-2-11 所示。

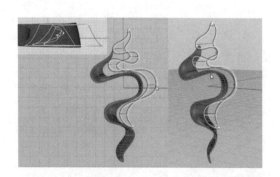

图 9-2-11

（9）重复执行步骤四至七，制作成另外一条反带，导入钻石后绘制包镶部件，完整模型如图 9-2-12 所示。

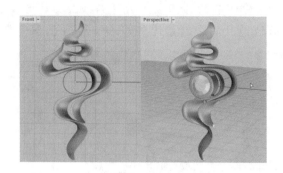

图 9-2-12

## 9.3　水滴吊坠

本节通过水滴吊坠模型的创建，重点学习🔲【变形控制器编辑】、🔲【沿曲面流动】、🔲【建立 UV 曲线】等命令在建模过程中的使用方法和注意事项。

### 本节重难点

1. 🔲【变形控制器编辑】
2. 🔲【单轨扫掠】中的选项框的调节

### 涉及知识点

🔲【变形控制器编辑】；🔲【单轨扫掠】；🔲【以平面曲线建立曲面】；🔲【沿曲面流动】；🔲【建立 UV 曲线】

### 9.3.1　案例说明及结构分析

本案例的基础形态创建很简单，但是建模构思极其巧妙。具体的操作主要依赖🔲【双轨扫掠】和🔲【变形控制器编辑】，断面线的绘制却需要格外小心，尽可能借助辅助线进行绘制；其次，对基础形态进行变形需要用到🔲【变形控制器编辑】，这是本案例的研究重点。如图 9-3-1 所示。

### 9.3.2　模型创建

（1）在 Right 视图中绘制如图所示断面线，先绘制曲线①，镜像②，复制为③，再执行🔲【分割】，留下线段④，后镜像组成⑤，如图 9 - 3 - 2 所示。

图 9 - 3 - 1

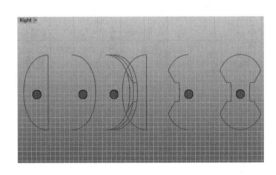

图 9 - 3 - 2

（2）绘制圆作为轨道曲线，并将断面曲线复制一个，移动并旋转 90 度，如图 9 - 3 - 3 所示。

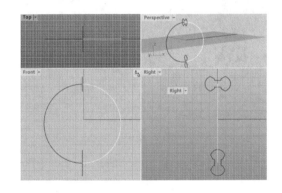

图 9 - 3 - 3

（3）执行 【单轨扫掠】，以半圆线为轨道，其余两条线为断面线，绘制扫掠曲面。在该过程中，注意形态变化，可以发现所生成曲面的①和②方向相反，这时可以点击"对齐断面"进行修改，如图 9 - 3 - 4 所示。

（4）在点击"对齐断面"后会出现可以改变的点③（该处也会出现提示"点选断面曲线端点做反转"），点击点③后，曲面会正确显示④，如

图 9 - 3 - 5 所示，再进行镜像将曲面补充完整。

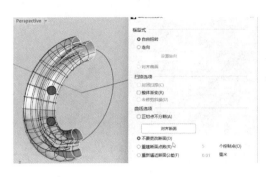

图 9 - 3 - 4

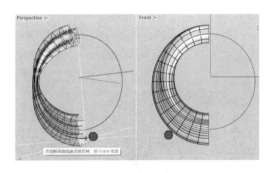

图 9 - 3 - 5

注意：仔细观察后发现，曲面的正反面都有瑕疵，如图 9 - 3 - 6 所示。

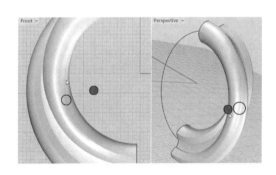

图 9 - 3 - 6

针对这个情况可以有两种处理方法：一是对该曲面有瑕疵的地方进行必要的修正，二是用另外的方法来实现该曲面的绘制。这里我们选择第二个。

（5）重复步骤三，打开"操作轴""记录构建历史"，执行 【单轨扫掠】，以半圆线为轨道，其余两条线为断面线，绘制扫掠曲面。可以发现所生成曲面 180 度的呈扭曲状，而对这种情况可以看成是断面曲线③④的方向不对造成的，角度也正好是 180 度，如图 9 - 3 - 7 所示。

（6）针对该问题，我们的解决方法就是将断

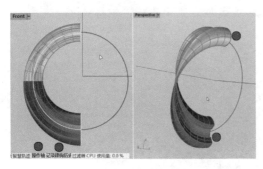

图 9-3-7

面曲线③旋转 180 度。具体操作是：在 Front 视图中点击断面曲线④，单击曲线④操作轴的旋转曲线（黑色线）⑤，在弹出的空白框中输入 180（度）后回车⑥，则曲线得到修正⑦，并与图 9-3-6 对比，发现原有的瑕疵已经消失，如图 9-3-8 所示。

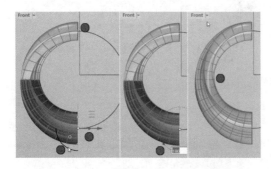

图 9-3-8

（7）重复步骤五和六，打开"操作轴""记录构建历史"，执行 🖊️【单轨扫掠】，以半圆线为轨道、曲线③和④为断面线绘制扫掠曲面，并将断面曲线④旋转 180 度⑧，得到最终曲面⑨，如图 9-3-9 所示。

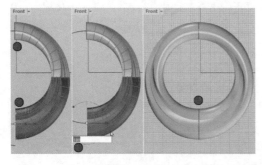

图 9-3-9

注意：可以试着交替旋转步骤六和七中的曲线③和④来体会所形成曲面的差异，特别是中间凹槽的走势。

（8）单击 🖼️【变形控制器编辑】①，选取"受控制物件"然后回车；在命令提示栏中设定"变形（D）＝快速②"，并点击"边框方块（B）

③"；在命令提示栏中点击"工作平面（C）④"；在新出现的命令提示栏中将"变形控制器参数"X、Y、Z 都从 4 变为 10（具体方法：点击"X 点数＝4"输入 10 并回车，用同样的方法来操作 Y 和 Z），参数修改完后回车；在命令提示栏中点击"要编辑的范围"的"整体（G）⑥"，则物件显示出控制点，处于可编辑状态，并在 Front 视图中调整控制点，如图 9-3-10 所示。

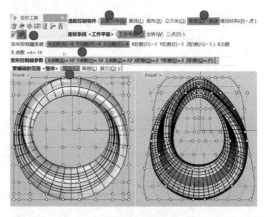

图 9-3-10

（9）将中间的曲面分离开来，分开的曲面整体如图 9-3-11 右图所示。

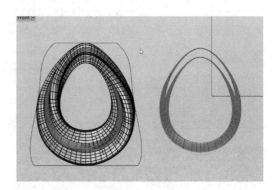

图 9-3-11

（10）单击 🖼️【建立 UV 曲线】①，观察命令提示栏中的提示，再选取要建立 UV 曲线的曲面②后回车，从而实现 UV 曲线的建立③，如图 9-3-12 所示。

（11）执行 ⭕【以平面曲线建立曲面】①，建立 UV 曲面②；在 UV 曲面上创建倒角长方体③，再执行阵列④，最终生成 UV 曲面和"倒角长方体阵列组"⑤，如图 9-3-13 所示。

（12）点击 🗒️【沿曲面流动】①，关注命令提示栏，依次点击需要流动的物件（"倒角长方体阵列组"②，不要误带上了基准平面）然后回车，再点击基准平面③和目标曲面④（这里要注意点击的地方"靠近角落的边缘"。参考"10.3 孔雀项链"的步骤七），从而将"倒角长方体阵列组"流动到目标曲面上，如图 9-3-14 所示。

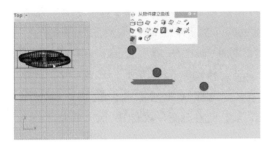

图 9-3-12

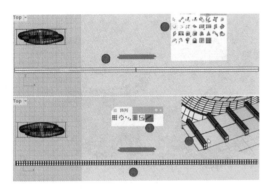

图 9-3-13

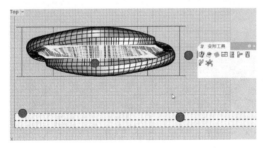

图 9-3-14

（13）再制作好挂扣等，整体造型如图 9-3-15 所示。

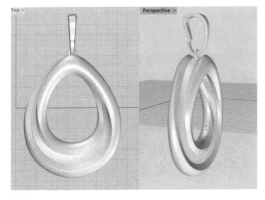

图 9-3-15

## 9.4　凤凰吊坠

本节通过凤凰吊坠模型的创建，重点学习 🔲【背景图】、🔳【变形控制器编辑】、🔳【压平】、🔳【沿曲面流动】、🔳【混接曲面】、🔳【从网格建立曲面】、🔳【双轨扫掠】等命令在建模过程中的使用方法和注意事项。

**本节重难点**

1. 🔳【变形控制器编辑】
2. 🔳【压平】
3. 🔳【沿曲面流动】

**涉及知识点**

🔳【变形控制器编辑】；🔳【缩回已修剪曲面】；🔳【压平】；🔳【沿曲面流动】；🔳【混接曲面】；🔳【弯曲】；🔳【从网格建立曲面】；🔳【双轨扫掠】；🔳【旋转成型】；🔳【混接曲面】

### 9.4.1　案例说明及结构分析

本案例的建模难度中等，造型细节较多，主要可以分成五个部分：①②的建模思路一致，①的假反带难度最大，造型"直面-圆面"的渐变转化是主要特点，内圈为"直面-圆面"，外圈为"圆面-直面-圆面"；③主要是"弯曲"命令的运用；④则为各部件的支撑件，建模简单；⑤则在导入钻石模型后主要考虑镶嵌的一些技术，这里采用的是爪镶。

### 9.4.2　部件一创建

从图 9-4-1 可以看出，该模型的部件一是在创建平面模型的基础上进行的弯曲处理，因此建造出平面模型是最基本的。

根据对模型的旋转（图 9-4-2）可以分析出，该模型需要用到命令 🔳【从网格建立曲面】，而绘制两个方向的曲线则是最难的地方。因此在绘制时要注意几条曲线的特点：其一，曲线①⑤是两条平面曲线；其二，曲线①②在 TOP 视图中是重合的（即：曲线②是在曲线①的基础上向上移动，并进行部分调节而成的）；其三，曲线④是在曲线⑤的基础上往上移动，并沿模型轮廓进行修改而成；其四，曲线③比较明显，是图中直切面与圆弧面的分界线。

图 9 - 4 - 1

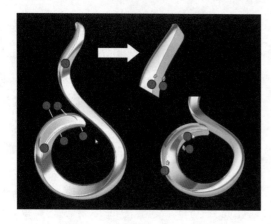

图 9 - 4 - 2

（1）将模型导入背景中，绘制平面曲线①⑤，如图 9 - 4 - 3 所示。

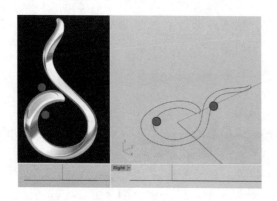

图 9 - 4 - 3

（2）为了更清晰地看到 5 条线段之间的关系，这里将做好的模型导入进来，也能更好地看清曲线和模型的变化。在图 9 - 4 - 3 曲线①⑤的基础上进行曲线②④绘制，具体做法是：其一，复制曲线①，将其向上移动，并在 Front 视图中拖动曲线的控制点使之契合曲面，从而生成曲线②（曲线①②在 TOP 视图中是重合的）；其二，复制曲线⑤，并向上移动，分别在 Front 视图和 TOP 视图中调节，最终生成曲线④（外轮廓）；其三，根据曲线轮廓走向在 TOP 视图中绘制平面曲线③，并在 Front 视图中和 Right 视图中进行高度调节，如图 9 - 4 - 4 所示。

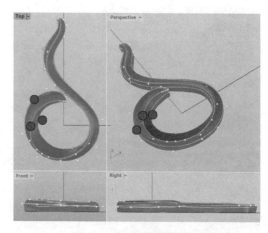

图 9 - 4 - 4

（3）绘制断面线就需要看模型的断面形状和走势。从图 9 - 4 - 5 可以看出，模型的走势分为三个阶段：第一阶段，断面线①②③④的特点是"外圆内直"，且内直是由两条斜线段组成；第二阶段，断面线⑤⑥是过渡阶段，其特点仍然是"外圆内直"，不过"内直"是将上一个阶段断面线的两条斜线段过渡为一条直线段；第三阶段，断面线⑦⑧⑨⑩逐渐变为"内圆外直"（与第一阶段正好相反），在 Front 视图中绘制这些断面曲线，再将其旋转至适当位置，如图 9 - 4 - 5 所示。

（4）执行命令 ⬛【从网格建立曲面】，选中上图所有的曲线，生成形体如图 9 - 4 - 6 所示。

（5）重复步骤二，绘制平面曲线①⑤，再复制平面曲线①⑤，将其上移，移动曲线控制点，生成空间曲线②④（注意：从 Right 视图看出，外轮廓曲线②比内轮廓线④高），如图 9 - 4 - 7 所示。

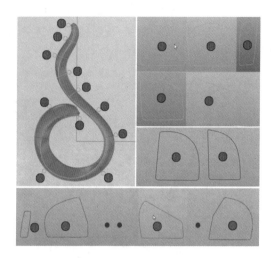

图 9 - 4 - 5

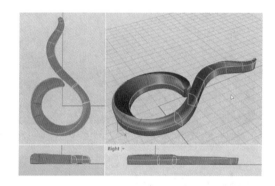

图 9 - 4 - 6

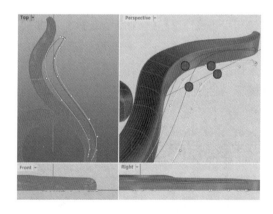

图 9 - 4 - 7

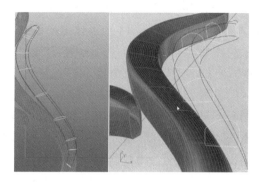

图 9 - 4 - 8

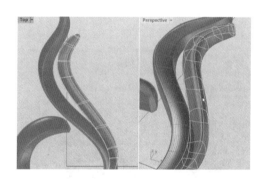

图 9 - 4 - 9

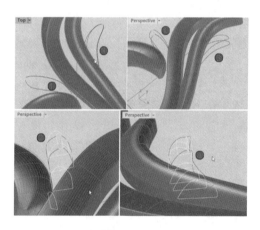

图 9 - 4 - 10

（6）重复步骤三，绘制断面线，其形状和位置如图 9 - 4 - 8，最终效果如图 9 - 4 - 9 所示。

（7）重复步骤五，绘制四条轮廓曲线组①和③，并绘制断面线组②④，如图 9 - 4 - 10 所示。

（8）重复步骤四，执行命令 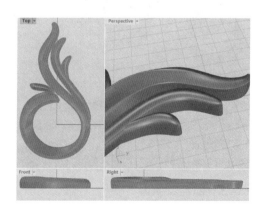 【从网格建立曲面】，选中上图所有的曲线，生成形体如图 9 - 4 - 11 所示。

图 9 - 4 - 11

（9）单击 ▦【变形控制器编辑】①，选取"受控制物件"然后回车（4个形体都选中）；在命令提示栏中设定"变形（D）＝快速②"，并点击"边框方块（B）③"；在命令提示栏中点击"工作平面（C）④"；在新出现的命令提示栏中将"变形控制器参数"X、Y、Z都从4变为6（具体方法：点击"X点数＝4"输入6并回车，用同样的方法来操作Y和Z），参数修改完后回车；在命令提示栏中点击"要编辑的范围"的"整体（G）⑥"，则物件显示出控制点，处于可编辑状态，如图9-4-12所示。

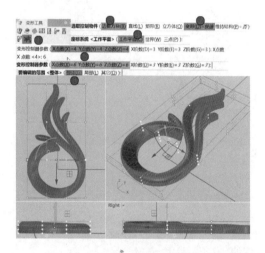

图 9-4-12

（10）在 Right 视图中选中某一列点，然后向上或者下拖动（为了避免错误操作，最好打开"操作轴"来完成变形控制），将形体调整成如图9-4-13所示状态。

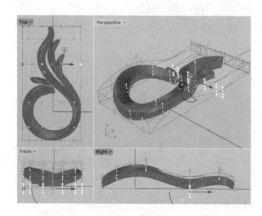

图 9-4-13

### 9.4.3 部件二创建

（1）绘制轨道曲线和断面曲线，运用 ▦【双

轨扫掠】生成如图9-4-14、图9-4-15所示模型。注意：运用该命令时要根据情况勾选"保持高度（M）"。

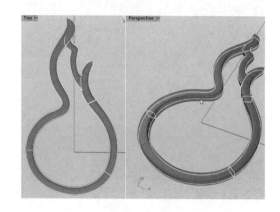

图 9-4-14

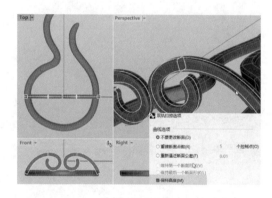

图 9-4-15

（2）点击命令 ▦【弯曲】，选择要弯曲的两物件中点作为"骨干起点"①以及"骨干终点"②，在命令提示栏中选择"对称（S）＝是"③，然后再将图形弯曲成需要的形态④，并将其移动到⑤的位置，最终形态如图9-4-16右图所示。

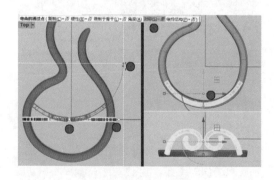

图 9-4-16

（3）在 Right 视图中绘制椭圆曲线和断面曲线①，运用 ▦【双轨扫掠】生成曲面②，重复步骤二，将曲面弯曲成③，使之与底曲面④一致，如

图 9 - 4 - 17 所示。

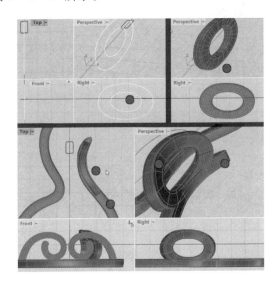

图 9 - 4 - 17

（4）制作连接件①②，以及支撑件③④⑤⑥，并制作凹槽⑦留着后期镶嵌钻石，如图 9 - 4 - 18 所示。

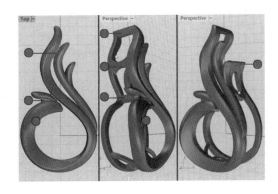

图 9 - 4 - 18

（5）导入钻石，绘制如图曲线，运用💡【旋转成型】和🐚【圆管（圆头盖）】，以及复制和旋转等命令，生成如图 9 - 4 - 19 所示形体。

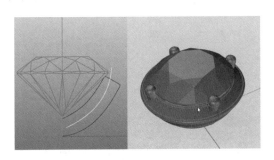

图 9 - 4 - 19

（6）绘制如图所示圆和断面线①，执行🔲【双轨扫掠】生成曲面，复制、移动和旋转，并制作连接件②，最终如图 9 - 4 - 20 所示。

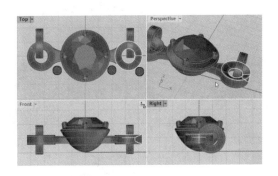

图 9 - 4 - 20

（7）复制步骤四中的凹槽底部曲面①，单击🔲【显示物件控制点】打开曲面控制点②，执行🔲【缩回已修剪曲面】，曲面控制点缩回后呈现为③，如图 9 - 4 - 21 所示。

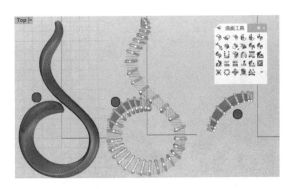

图 9 - 4 - 21

（8）单击命令🔲【压平】选择曲面①，单击两次回车，生成平面②（即将曲面①压平为平面②），并在平面②上排列好石头和钉③，如图 9 - 4 - 22 所示。

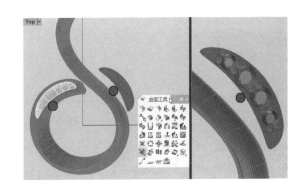

图 9 - 4 - 22

（9）🔲【沿曲面流动】①，选择石头和钉，然后回车②，点击基准平面③，点击目标曲面④，将钻石和钉流动到曲面上去⑤，如图 9 - 4 - 23 所示

（注意：根据命令提示栏的提示，点击③④的位置要接近；如果石头和钉群组后再执行【沿曲面流动】达不到需求的话，就解散群组再执行该命令）。

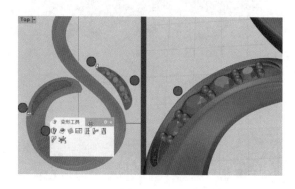

图 9-4-23

（10）挂链的制作比较简单，这里就不再累述。至此，挂饰模型创建完毕，整体模型如图9-4-24所示。

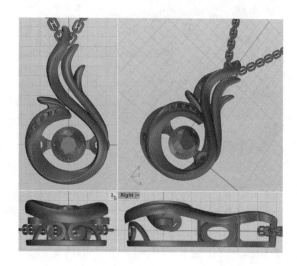

图 9-4-24

## 9.5 花鸟戒

本节通过花鸟戒模型的创建，重点学习曲面的修正与重建、【曲面混接】的使用和曲面修正，以及【放样】、【弯曲】等命令在建模过程中的使用方法和注意事项。

**本节重难点**

1. 曲面的修正与重建
2. 【曲面混接】的使用和曲面修正

涉及知识点

【衔接】；【从网格建立曲面】；【双轨扫掠】；【直线挤出】；【放样】；【曲面混接】；【抽离结构线】；【偏移曲面】；【弯曲】；【不等距边缘圆角】；【圆管（平头盖）】

### 9.5.1 案例说明及结构分析

本案例较为简单，造型细节不多，主要可以分成三个部分：①的难度最小，就是采用最基本的成型命令就可以实现；②飞鸟造型也较为抽象，要注意的就是鸟身造型；③是该模型最难的部分，尤其是叶子的转折部分要多加注意。如图9-5-1所示。

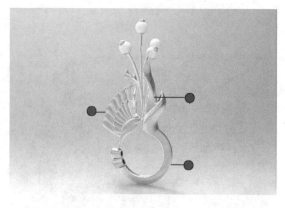

图 9-5-1

### 9.5.2 部件一创建

（1）在 Front 视图中绘制同心圆，并在 Top 视图中沿横轴镜像，生成如图四条圆轮廓，再执行命令【放样】，生成如图（右图）三个面，如图9-5-2所示。

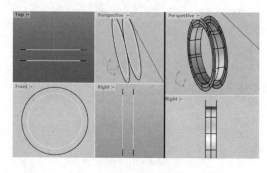

图 9-5-2

（2）执行命令【混接曲面】，以外轮廓边缘生成混接曲面，如图 9-5-3 所示。

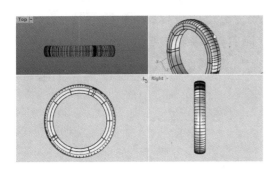

图 9-5-3

（3）绘制直线①②，并将曲面分割，如图 9-5-4 所示。

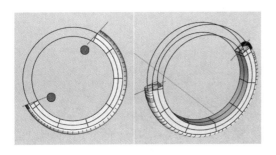

图 9-5-4

（4）提取曲面边缘线①②和混接曲面的中间结构线③，再根据造型绘制曲线④⑤⑥，分别与①②和③衔接，确保三条曲线是以 G3 连续，如图 9-5-5 所示。

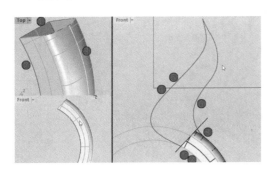

图 9-5-5

（5）在 Right 视图中调整曲线④⑤⑥的控制点到理想的位置（曲线④⑤左右对称），并绘制断面曲线⑦，再提取边界曲线⑧并根据造型需求进行相应调节，最后绘制曲线⑨，如图 9-5-6 所示。删掉已有曲面，则整体线框图如图 9-5-7 所示。

（6）先执行【从网格建立曲面】生成曲面①，执行【双轨扫掠】生成曲面②③。注意：

生成两个曲面所选网格线的差异，①中只有一条横向网格线，纵向三条网格线是没有经过修剪的；②中的两条边界线作为轨道，另外方向的三条线作为断面线，如图 9-5-8 所示。

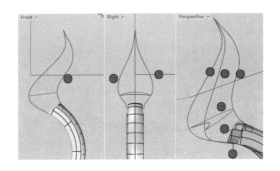

图 9-5-6

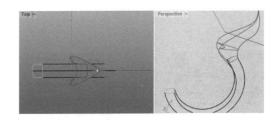

图 9-5-7

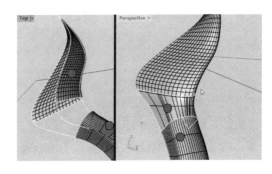

图 9-5-8

（7）从图 9-5-9 可以看出，所生成的两个曲面中间凸起，质量很差，而其他地方没有任何问题，因此可以将该部分剪掉，然后重新创建该部分曲面。

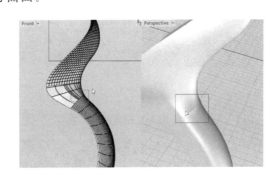

图 9-5-9

（8）绘制直线①将曲面分成两部分，打开物件锁点"端点"，再执行 🔲【抽离结构线】分别在两个曲面上抽取结构线②③，再将两根曲线 🔲【组合】，并调节曲线控制点成④，再将曲线④沿纵轴镜像，如图9-5-10、图9-5-11所示。

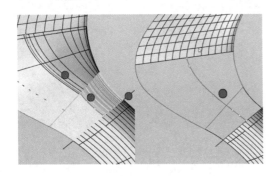

图 9 - 5 - 10

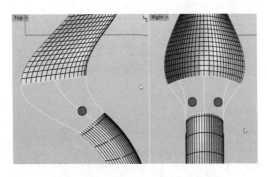

图 9 - 5 - 11

（9）执行命令 🔲【从网格建立曲面】，选中5条纵向曲线，以及2条"曲面边缘"，并在A、C两处的"边缘设置"中选择"曲率"，其最终如图9-5-12所示。

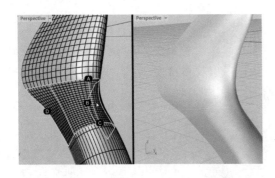

图 9 - 5 - 12

（10）执行 🔲【双轨扫掠】，以曲线①②和点③为断面线（点），创建曲面如图9-5-13所示。

（11）导入钻石模型，并绘制两个圆和曲线，制作钻石的包镶结构，如图9-5-14所示。

（12）分别执行 🔲【双轨扫掠】、🔲【旋转成型】、🔲【直线挤出】、🔲【分割】、🔲【组合】、🔲【不等距边缘圆角】、🔲【复制】、🔲【旋转】（以戒圈中心为旋转中心），如图9-5-15所示。

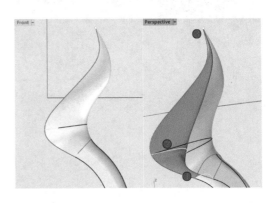

图 9 - 5 - 13

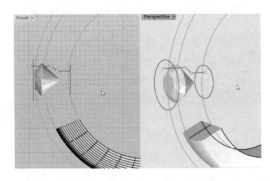

图 9 - 5 - 14

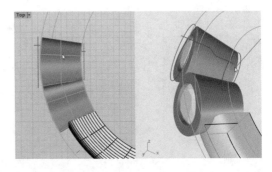

图 9 - 5 - 15

### 9.5.3 部件二创建

（1）在Front视图中用两条线勾画出鸟身的轮廓，在Right视图画一个圆，挤扁，如图9-5-16所示。

（2）执行 🔲【双轨扫掠】生成曲面①，在Front视图中用两条线②并将曲面分割，在Right视图中绘制一个辅助平面，将曲面平均分割成左右两部分，并将右边的一半删掉，再将剩下曲面的上部分③向左稍微移动，然后执行 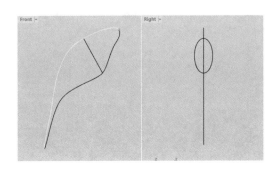【混接曲面】生成曲面④，如图 9 - 5 - 17 所示。

图 9 - 5 - 16

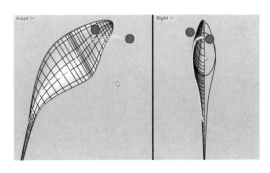

图 9 - 5 - 17

（3）将曲面①向左移动、旋转为②的位置，再将其沿纵轴镜像生成曲面③，并执行 【放样】，以②③边线来生成曲面④，如图 9 - 5 - 18 所示。

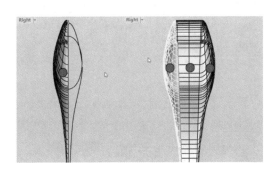

图 9 - 5 - 18

（4）在 Front 视图中绘制如图两条轨道曲线和断面曲线，注意断面曲线需在 Right 视图中调节弧度，再执行 【双轨扫掠】生成如图 9 - 5 - 19 所示曲面。

（5）将曲面沿纵轴镜像，并在 Right 视图制作三条断面线，并将其调整成如图 9 - 5 - 20 所示。

（6）执行 【双轨扫掠】，生成如图所示造型，并制作小鸟的眼睛和嘴，如图 9 - 5 - 21 所示。

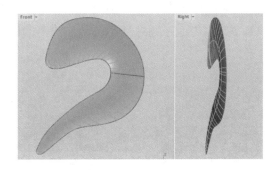

图 9 - 5 - 19

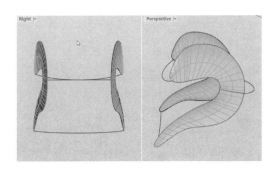

图 9 - 5 - 20

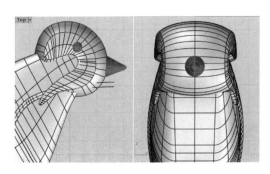

图 9 - 5 - 21

（7）绘制曲线①，以横轴为中心旋转成型，并在 TOP 视图中运用 【单轴缩放】将其压扁成型为②，再在 Front 视图中调节控制点，将形调整为③。再运用复制、旋转成型为④，并执行 【弯曲】，将⑤弯曲，如图 9 - 5 - 22 所示。

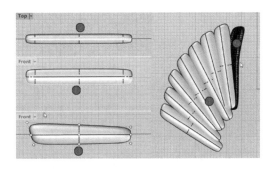

图 9 - 5 - 22

（8）复制、移动，再在 Right 视图中执行 【弯曲】，将整体向左弯曲，如图 9 − 5 − 23 所示。

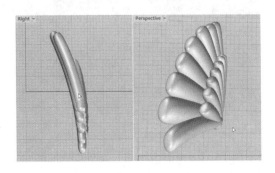

图 9 − 5 − 23

（9）再镜像，如图 9 − 5 − 24 所示，并在 Top 视图中将小鸟造型旋转到需要的角度，再将部件一展示出来，整体如图 9 − 5 − 25 所示。

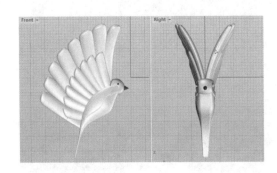

图 9 − 5 − 24

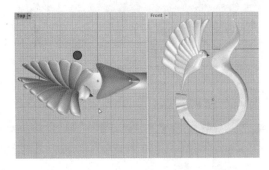

图 9 − 5 − 25

### 9.5.4 部件三创建

（1）在 Front 视图中绘制如图曲线，并运用导管工具生成如图 9 − 5 − 26 所示形体。

（2）在 Right 视图中绘制如图四条曲线①，并在 Front 视图中调节成②，执行 【双轨扫掠】生成形体③，并在 Top 视图中将其旋转，使之在 Right 视图中呈状态④，如图 9 − 5 − 27 所示。

（3）在 Front 视图画一根曲线，在 Right 视图

调整控制点，再执行 【圆管（平头盖）】去盖，并向内偏移一根圆管，再抽离结构线，把外圆管分成三份，如图 9 − 5 − 28 所示。

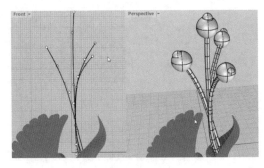

图 9 − 5 − 26

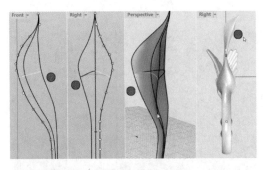

图 9 − 5 − 27

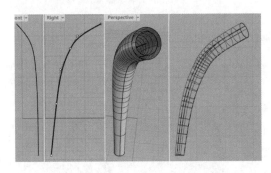

图 9 − 5 − 28

（4）接下来就是制作三片叶子，因此需要在 Front 视图画三根曲线作为叶子的外轮廓①②③，然后在 Top 视图调整曲线控制点，使之如图 9 − 5 − 29 所示。

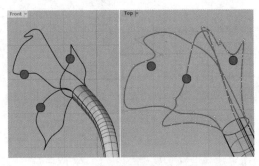

图 9 − 5 − 29

（5）首先制作上图中的叶子②，因此在 Front 视图绘制两根轨道和一根断面线，然后在 Top 视图调整曲线控制点，如图 9-5-30 所示。再运用这两根轨道线将轮廓线分割成三份，分别执行 ▣【双轨扫掠】，最终生成曲面如图 9-5-31（左图）所示，再执行 ▣【偏移曲面】和 ▣【混接曲面】生成叶子的厚度，如图 9-5-31（右图）所示。

（7）接下来采用相同的方法绘制最后一片叶子，如图 9-5-33 所示。

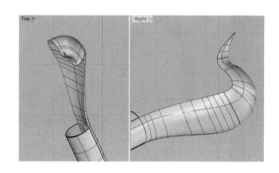

图 9-5-33

（8）执行 ▣【曲面混接】，混接内圆管和内叶片，则整体如图 9-5-34 所示。

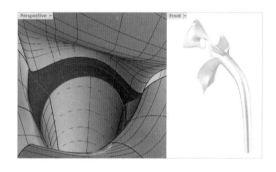

图 9-5-34

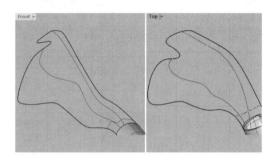

图 9-5-30

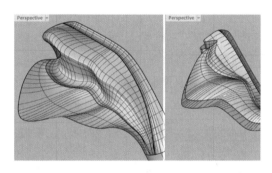

图 9-5-31

（6）接下来制作步骤四中的第一片叶子，即分别制作叶子的两个面，然后采用 ▣【曲面混接】成型。具体操作为：在 Top 视图中绘制曲线①②，并在 Front 视图中调节，然后执行 ▣【双轨扫掠】，并混接成一个整体，如图 9-5-32 所示。

（9）至此，花鸟戒模型的创建初步完成了，再进行其他一些细微的调节后完成模型的最终创建。最终模型如图 9-5-35 所示。

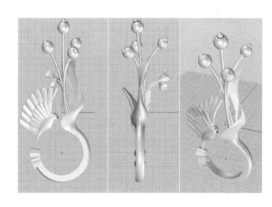

图 9-5-35

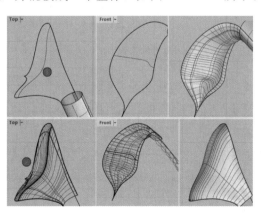

图 9-5-32

# 10 第10章 首饰综合实例 level 2

## 10.1 鹅形吊坠

本节通过鹅形吊坠模型的创建,重点学习 ![] 【从网格建立曲面】、![] 【放样】、![] 【变形控制器编辑】、![] 【退回已修剪曲面】、![] 【重建曲面】等命令在建模过程中的使用方法和注意事项。

### 本节重难点

1. ![] 【变形控制器编辑】
2. ![] 【退回已修剪曲面】
3. ![] 【重建曲面】

### 涉及知识点

![] 【变形控制器编辑】;![] 【退回已修剪曲面】;![] 【重建曲面】;![] 【从网格建立曲面】;![] 【放样】;![] 【双轨扫掠】;![] 【抽离结构线】;![] 【圆弧混接】;![] 【混接曲面】;![] 【偏移曲面】

### 10.1.1 案例说明及结构分析

本案例的模型创建比较简单,鹅形吊坠的头

部①创建的主要思路是 ![] 【双轨扫掠】,难点则在于空间线的调节,而鹅毛②部分的创建,则主要运用 ![] 【变形控制器编辑】,这需要比较细心地操作,其他的宝石镶嵌等小部件创建则比较简单,如图10-1-1所示。

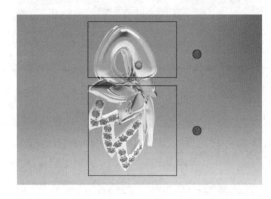

图 10-1-1

### 10.1.2 鹅头模型创建

本部分模型创建主要运用到的命令是 ![] 【双轨扫掠】、![] 【偏移曲面】,因此在该部分就要特别注意相关命令使用的先决条件。

(1)单击命令 ![] 【控制点曲线】、![] 【中心点、半径】绘制如图10-1-2所示曲线和圆。

#### ■ 点拨与技巧

要绘制这种截面线就需要缩放和旋转,但在缩放或者旋转时很容易出现操作不到位的情况,

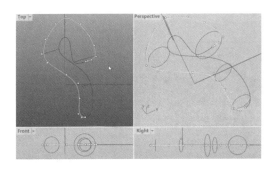

图 10 - 1 - 2

因此我们可以制作一个参考线，如图 10 - 1 - 3 所示。具体操作为：在需要放置截面线的地方绘制断面线和参考线（线段）①；将两者移动到左边空地方便操作，并单击 【2D 旋转】将参考线旋转至水平②；然后选中断面线（圆），单击 【二轴缩放】，借助捕捉，在 Front 视图中将断面线（圆）缩放至理想大小③（此处，圆的理想大小就是其直径与参考线段②等长），如图 10 - 1 - 3 所示。在 Top 视图中将截断面线（圆）旋转⑤、移动到位置⑥，如图 10 - 1 - 4 所示。运用相同的操作，完成所有截面线绘制，并在两条轨道端点加入"点"，如图 10 - 1 - 5 所示。

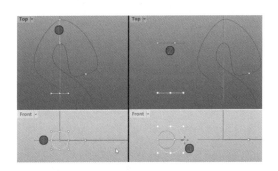

图 10 - 1 - 3

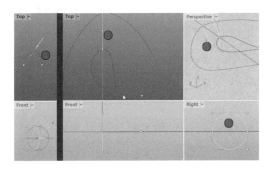

图 10 - 1 - 4

（2）单击命令 【双轨扫掠】，并根据命令提

示栏的提示，依次选择两条路径，以及断面线（"点""圆""点"）再回车，再选择点①并将其拉到点②的位置，使成型轨迹靠近同一根路径，如图 10 - 1 - 6 所示。

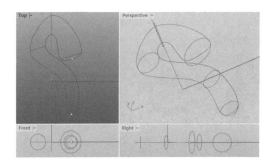

图 10 - 1 - 5

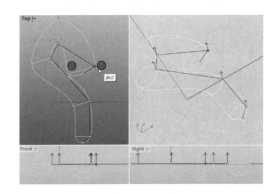

图 10 - 1 - 6

（3）此时发现点②方向与其他方向相反（图 10 - 1 - 7），选中点②，然后在命令提示栏中点击"反转 F"③，从而使②处方向与其他截面线处方向一致（都向上，图 10 - 1 - 8），再回车，完成双轨扫掠命令，成型如图 10 - 1 - 9 所示。再原地复制一个，并隐藏备以后用。

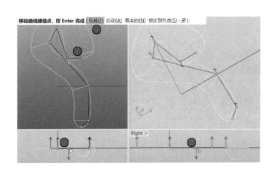

图 10 - 1 - 7

（4）单击 【抽离结构线】，参考 Top 视图，在模型的下半部分抽离结构线①②，如图 10 - 1 - 10 所示。

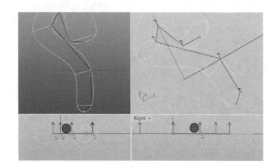

图 10-1-8

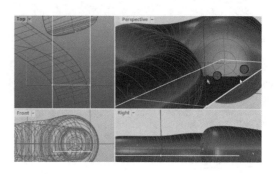

图 10-1-11

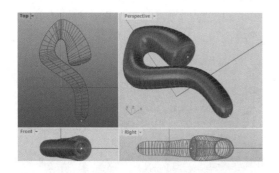

图 10-1-9

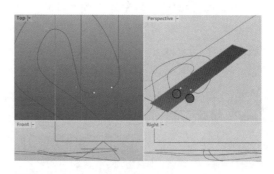

图 10-1-12

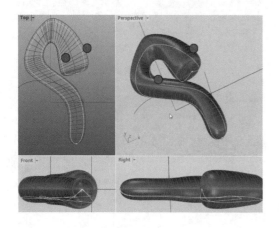

图 10-1-10

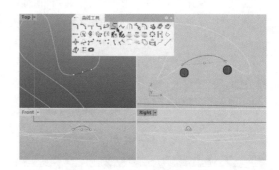

图 10-1-13

（5）在 Front 视图中绘制直线，并执行 [图标] 【直线挤出】生成平面，使其与抽离的结构线相交于③④两点，如图 10-1-11 所示。再执行命令 [图标] 【分割】，用平面去分割该抽离的结构线，并删掉多余的线条，如图 10-1-12 所示。

（6）单击 [图标] 【圆弧混接】连接两点，从而将两条曲线混接成一条，如图 10-1-13 所示。

（7）在 Top 视图中绘制曲线①，在 Right 视图中绘制斜直线②，单击 [图标] 【直线挤出】将曲线①沿斜直线②挤出成面，如图 10-1-14 所示。

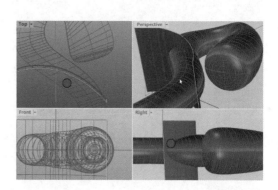

图 10-1-14

（8）单击 [图标] 【分割】命令，用前述两步生成的面和线去分割该型体，并去掉不用的部分，最后得到形体如图 10-1-15 所示。

（9）单击 [图标] 【显示物件控制点】①，并执行

命令 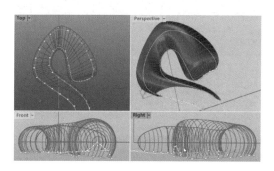【退回已修剪曲面】②，如图 10 - 1 - 16 所示。

割鹅头，如图 10 - 1 - 19 所示。

图 10 - 1 - 15

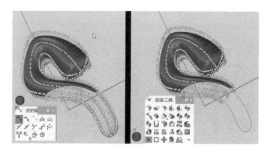

图 10 - 1 - 16

（10）将该型体原地复制一个，并隐藏。再单击 【抽离结构线】抽离结构线①②，再配合命令提示栏中的"切换（I）"④，抽离另外一个方向的结构线③，如图 10 - 1 - 17（左图）。再执行 【分割】将多余的部分删掉后留下如图 10 - 1 - 17（右图）。

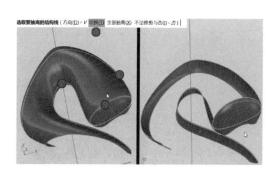

图 10 - 1 - 17

（11）单击 【偏移曲面】，在命令提示栏中设置偏移"距离（D）＝0.4"，再显示步骤十中隐藏的部件，如图 10 - 1 - 18 所示。

（12）在 Top 视图中绘制曲线①，并执行命令 【投影曲线】将曲线①投影到鹅头表面形成曲线②。将鹅头原地复制一个并隐藏，用曲线②分

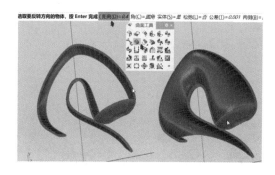

图 10 - 1 - 18

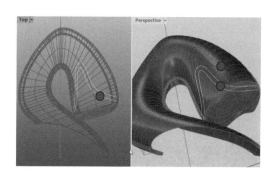

图 10 - 1 - 19

（13）先后执行命令 【分割】、 【偏移曲面】，并将上一步的隐藏模型显示出来，最终得到③；载入宝石模型，并在 Front 视图中绘制断面曲线④，左键单击 【旋转成型】生成包镶模型⑤，并移动旋转至⑥，如图 10 - 1 - 20 所示。

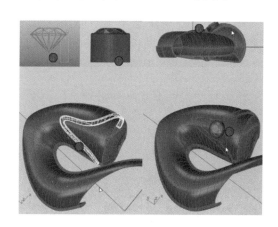

图 10 - 1 - 20

（14）单击 【偏移曲面】，在命令提示栏中设置偏移"距离（D）＝0.7"②，"实体（s）＝否"③，"全部反转（F）"④，让曲面①向内偏移0.7，生成曲面⑤，并将曲面⑤稍微向下移动。

单击 【混接曲面】命令，在命令提示栏中

点击"连锁边缘（C）⑥"，然后依次选择曲面①⑤的两条边缘线，然后在弹出的对话框中调节其他选项，也可以单击"加入断面⑦"插入理想断面来优化生成的混接曲面，如图 10 - 1 - 21 所示。

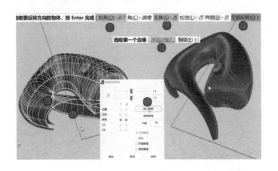

图 10 - 1 - 21

（15）在 Top 视图中绘制如图曲线（左右两条对称），分别在 Front 视图和 Right 视图中将曲线调为理想形状，如图 10 - 1 - 22 所示。

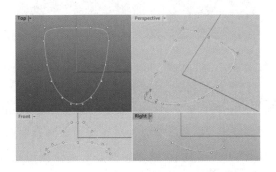

图 10 - 1 - 22

（16）在 Front 视图绘制三条断面线①②③，调整曲线时注意形态的变化，如图 10 - 1 - 23 所示。

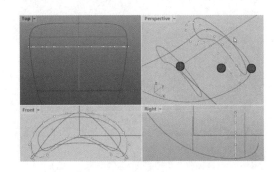

图 10 - 1 - 23

（17）在 Right 视图中绘制一个过坐标轴的辅助平面，并与三条断面线相交，形成 6 个交点①至⑥，同时绘制两条线的交点⑦⑧，如图 10 - 1 - 24 所示。

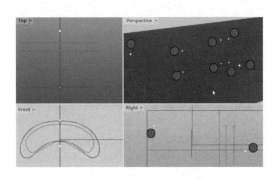

图 10 - 1 - 24

（18）执行【内插点曲线】命令，过上述交点绘制曲线①②，并注意调整曲线①的两个端点③和④位置，如图 10 - 1 - 25 所示。

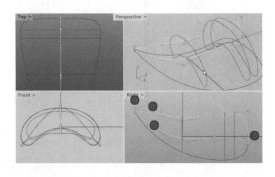

图 10 - 1 - 25

（19）单击【从网格建立曲面】，选中两个方向的曲线，并生成曲面①，分别在 Front 视图和 Top 视图中执行【旋转】命令，将曲面①调整到②的状态，如图 10 - 1 - 26 所示。

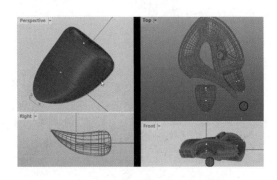

图 10 - 1 - 26

### 10.1.3　鹅羽毛模型创建

本部分模型创建主要运用到的命令是【变形控制器编辑】，因此在此部分主要注意命令的使用流程和规范，特别是注意命令提示栏的内容。

（1）在 Top 视图中绘制如图两条曲线①，并执行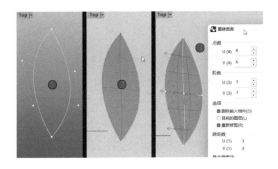【放样】生成曲面②，再单击命令【重建曲面】，将 U 和 V 两个方向的点数改为"6"，阶数默认为"3"③，如图 10 - 1 - 27 所示。

图 10 - 1 - 27

（2）执行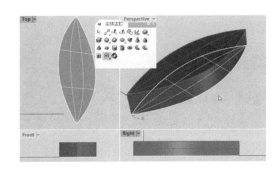【挤出平面】，生成如图 10 - 1 - 28 所示形体。

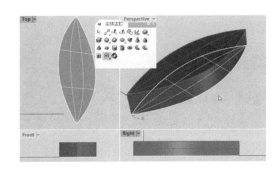

图 10 - 1 - 28

（3）重复上述步骤，生成物件①并向上移动，再执行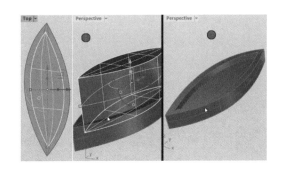【布尔运算差集】②，最后形体如图 10 - 1 - 29所示。

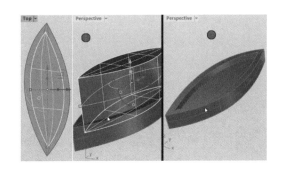

图 10 - 1 - 29

（4）单击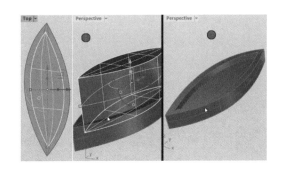【变形控制器编辑】①，选取"受控制物件"然后回车；在命令提示栏中设定"变形（D）＝快速②"，并点击"边框方块（B）③"；在命令提示栏中点击"工作平面（C）④"；在新出现的命令提示栏中将"变形控制器参数"

X、Y、Z 都从 4 变为 6（点击"X 点数＝4"输入 6 并回车，用同样的方法来操作 Y 和 Z），参数修改完后回车；在命令提示栏中点击"要编辑的范围"的"整体（G）⑤"，则物件显示出控制点，处于可编辑状态，如图 10 - 1 - 30 所示。

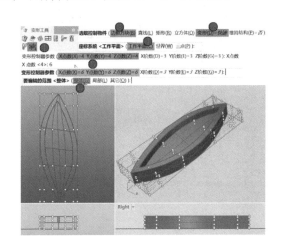

图 10 - 1 - 30

（5）选取各列控制点（整列）并向上拉动，使形体达到操作要求，如图 10 - 1 - 31 所示。

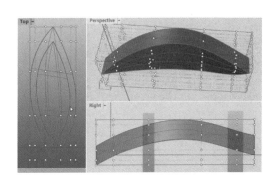

图 10 - 1 - 31

（6）选取中间的四列控制点⑥继续往上拉，使物件中间向内凹⑦，如图 10 - 1 - 32 所示。一般情况需要重复执行多次才能达到造型要求。

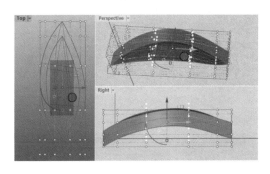

图 10 - 1 - 32

（7）将羽毛造型复制多个，在三个平面视图中进行缩放、旋转、移动，最终摆放成如图 10-1-33 所示模式。

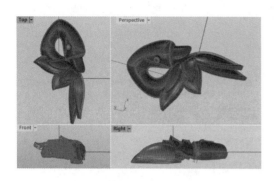

图 10-1-33

（8）重复执行上述步骤，绘制如图 10-1-34 所示形态。

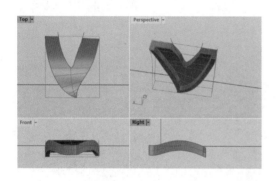

图 10-1-34

（9）将羽毛造型复制多个，在三个平面视图中进行缩放、旋转、移动，最终摆放成合理的模式，并镶嵌钻石，如图 10-1-35 所示。再根据模型补齐一些小的部件。至此，鹅型吊坠模型创建完毕。

图 10-1-35

## 10.2　天鹅爱心吊坠

本节通过天鹅爱心吊坠模型的创建，重点学习 【变形控制器编辑】、 【建立 UV 曲线】、 【沿着曲面上的曲线流动】、 【沿曲面流动】、 【从网格建立曲面】等命令在建模过程中的使用方法和注意事项。

### 本节重难点

1. 【变形控制器编辑】
2. 【建立 UV 曲线】
3. 【沿着曲面上的曲线流动】
4. 【沿曲面流动】

### 涉及知识点

【变形控制器编辑】； 【建立 UV 曲线】； 【沿着曲面上的曲线流动】； 【沿曲面流动】； 【双轨扫掠】； 【单轨扫掠】； 【以平面曲线建立曲面】； 【物体交集】； 【混接曲面】

### 10.2.1　案例说明及结构分析

本案例的建模思路和方法都很简单，核心思路都是在 Top 视图中创建平面模型，然后再运用 【变形控制器编辑】在 Right 视图或者 Front 视图中进行空间变形。在具体操作中，应该注意三个要点：其一，关键角点的衔接①；其二，运用 【变形控制器编辑】进行的形体塑造；其三，宝石的镶嵌③，如图 10-2-1 所示。

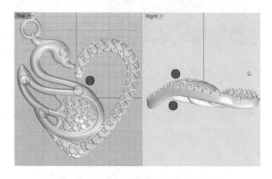

图 10-2-1

### 10.2.2　孔雀身体的创建

（1）在 Top 视图画两条曲线，画出天鹅身体外轮廓；在 Front 视图中绘制两个椭圆作为断面线，并在 Top 视图中将其旋转到合适的位置，如图 10-2-2 所示。

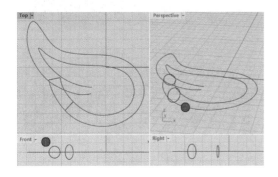

图 10-2-2

（2）执行 【双轨扫掠】生成需要的曲面，注意在双轨扫掠选项中选择"保持高度"，点击"加入控制断面"按钮，分别在①②③④处加入断面，最后生成曲面如图 10-2-3 所示。

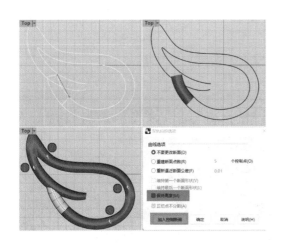

图 10-2-3

（3）先后执行 【物体交集】①、 【圆管】②（即右键点击该图标）、 【分割】③、 【混接曲面】④等命令，获得曲面如图 10-2-4 所示。

（4）点击 【显示物件控制点】①，调节操作轴等比缩放②，执行 【嵌面】③，图 10-2-5 所示。

（5）天鹅头的绘制：在 Top 视图中绘制曲线，并以圆为断面曲线，执行 【双轨扫掠】，如图 10-2-6 所示。

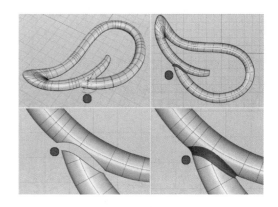

图 10-2-4

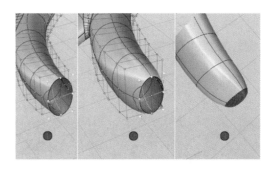

图 10-2-5

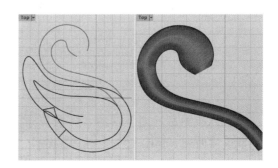

图 10-2-6

（6）点击 【显示物件控制点】，将天鹅头的控制点打开，并调节操作轴使天鹅头的开口缩小，如图 10-2-7 所示。

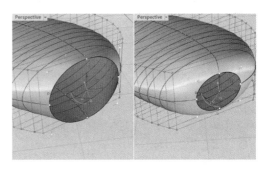

图 10-2-7

（7）在 Top 视图中绘制如图所示曲线，并生成如图 10-2-8 所示曲面。

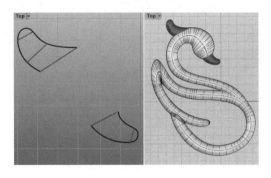

图 10-2-8

（8）重复步骤三，先后执行 [图] 【物体交集】、[图]【圆管】、[图]【分割】、[图]【混接曲面】完善曲面①，再在 Top 视图中绘制平面曲线②，如图 10-2-9 所示。

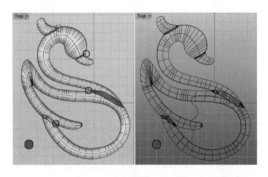

图 10-2-9

（9）绘制如图所示断面曲线，并执行 [图]【单轨扫掠】生成曲面，如图 10-2-10 所示。

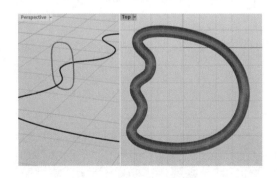

图 10-2-10

（10）将多余的部分修剪，并倒角①，再选择曲线执行 [图]【直线挤出】命令生产形体②，如图 10-2-11 所示。

（11）修剪掉多余的，并倒角，成型如图 10-2-12 所示。

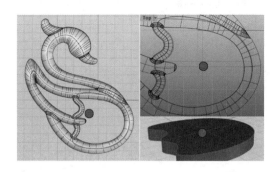

图 10-2-11

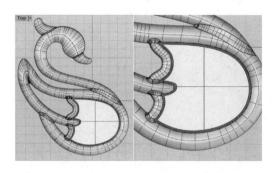

图 10-2-12

（12）执行 [图]【变形控制器编辑】，依次操作①至⑥（具体的操作在前面章节中多次讲到，这里就不再赘述），将天鹅造型调整到理想状态，如图 10-2-13 所示。

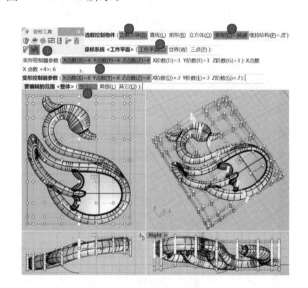

图 10-2-13

（13）单击 [图]【建立 UV 曲线】①，再点击曲面②后回车，从而建立 UV 曲线③，再执行 [图]【以平面曲线建立曲面】创建平面④，如图 10-2-14 所示。

（14）导入钻石模型，创建镶钉和挖孔辅助形

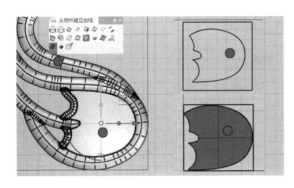

图 10 - 2 - 14

体，并排列在平面上，如图 10 - 2 - 15 所示。

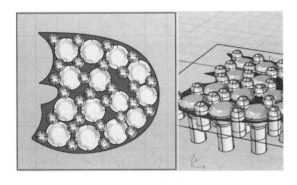

图 10 - 2 - 15

（15）点击 【沿曲面流动】①，关注命令提示栏，依次点击需要流动的物件（即钻石、镶钉和挖孔辅助形体等②，不要误带上了基准平面）然后回车，再点击基准平面③和目标平面④后回车，从而将钻石、镶钉等物件流动到曲面④上（这里要注意点击的地方"靠近角落的边缘"，如③和④的圆圈的地方）。再执行 【布尔运算差集】，得到图形⑤（这里方便观察，已经将钻石隐藏），如图 10 - 2 - 16 所示。

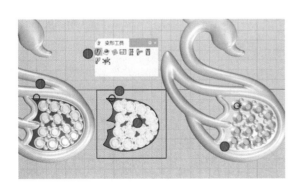

图 10 - 2 - 16

（16）在 Top 视图中绘制如下轨道曲线，并在另外两个平面视图中调整；在 Front 视图中绘制断

面曲线，并在 Top 视图中旋转到合适的位置，如图 10 - 2 - 17 所示。

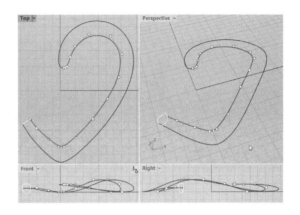

图 10 - 2 - 17

（17）执行 【双轨扫掠】生成需要的曲面，再在①②处执行 【不等距边缘圆角】，如图 10 - 2 - 18所示。

如图 10 - 2 - 18

（18）导入钻石、镶钉，提取中间结构线①，如图 10 - 2 - 19 所示。

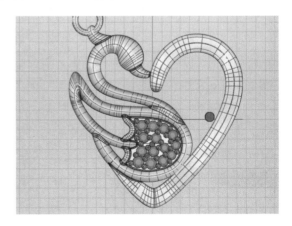

图 10 - 2 - 19

（19）执行 【沿着曲面上的曲线流动】，将钻石、镶钉和挖孔辅助形体流动，再执行 【布

尔运算差集】将多余的部分修剪掉，如图 10-2-20所示。

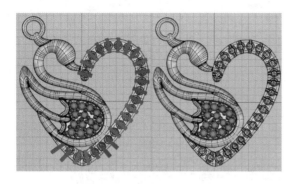

图 10-2-20

（20）再创建其他小部件，模型整体创建完毕，如图 10-2-21 所示。

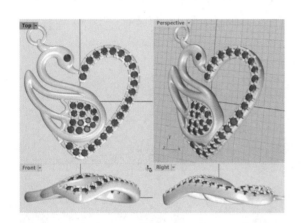

图 10-2-21

## 10.3 孔雀项链

本节通过孔雀项链模型的创建，重点学习 [图]【变形控制器编辑】、 [图]【投影曲线】、 [图]【建立 UV 曲线】、 [图]【以平面曲线建立曲面】、 [图]【沿曲面流动】等命令在建模过程中的使用方法和注意事项。

### 本节重难点

1. [图]【变形控制器编辑】
2. [图]【建立 UV 曲线】
3. [图]【沿曲面流动】

### 涉及知识点

[图]【变形控制器编辑】；[图]【建立 UV 曲线】；
[图]【以平面曲线建立曲面】；[图]【沿曲面流动】；
[图]【曲面上的内插点曲线】；[图]【重建曲面】；[图]
【双轨扫掠】；[图]【投影曲线】；[图]【混接曲面】

#### 10.3.1  案例说明及结构分析

本模型的创建会多次运用到[图]【变形控制器编辑】、[图]【建立 UV 曲线】、[图]【沿曲面流动】这三个命令。而模型的整体结构可以分成三个部分：雀头和身①、翅膀②，以及其他的装饰图形③，每一个部分的创建都有需要注意的要点。最重要的是，必须通过该模型的创建，将上述三个操作命令的操作细节掌握。

图 10-3-1

#### 10.3.2  孔雀身体的创建

（1）在 Top 视图画两条曲线，画出孔雀身体外轮廓；在 Front 视图和 Right 视图中调整曲线控制点，如图 10-3-2 所示。

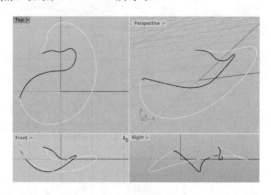

图 10-3-2

（2）在 Top 视图中绘制断面曲线，并在 Right 视图中调整曲线控制点，然后单击 【双轨扫掠】生成初形，将其复制一个并隐藏，如图 10-3-3 所示。

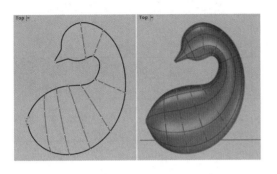

图 10-3-3

（3）在 Top 视图中绘制如图所示曲线，然后执行复制、阵列、移动等命令，形成曲线组合如图 10-3-4 所示。

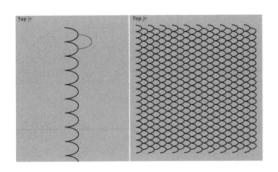

图 10-3-4

（4）将曲线组合旋转一定角度，然后再执行【投影曲线】，并将多余的曲线修剪掉，如图 10-3-5所示。

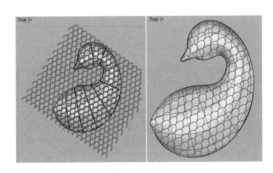

图 10-3-5

（5）将曲面①复制一份保留④，单击【建立 UV 曲线】，观察命令提示栏中的提示，先点击①中曲面（选取要建立 UV 曲线的曲面），再框选①中所有曲线（选取要建立 UV 曲线的曲面上的曲线）后回车，从而建立 UV 曲线②，再执行

【以平面曲线建立曲面】，框选②中所有曲线，建立平面曲面③，如图 10-3-6 所示。

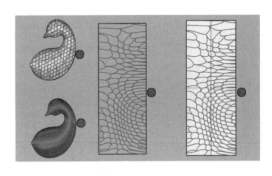

图 10-3-6

（6）选中所有的曲线，然后点击蓝色箭头的圆点并拖动来挤出曲面（或在白框中输入具体的挤出距离）①；或者执行【直线挤出】，选中曲线，直线挤出两侧呈面，如图 10-3-7 所示。

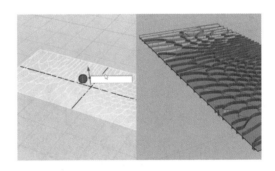

图 10-3-7

（7）点击【沿曲面流动】①，关注命令提示栏，依次点击需要流动的物件（挤出曲面②，不要误带上了基准平面）然后回车，再点击基准平面③和目标平面④（这里要注意点击的地方"靠近角落的边缘"）。提示：为了方便观察，除了 Top 视图外，本图加入了挤出曲面②的 Perspective 视图，将挤出曲面②的立体形体展现出来，如图 10-3-8 所示。

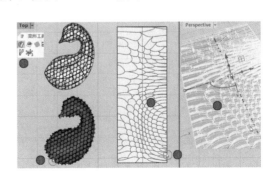

图 10-3-8

（8）点击 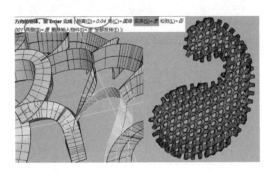【偏移曲面】，选中需要偏移的曲面，在命令提示栏中设置参数：距离、实体、两侧，生成实体，再执行【不等距边缘圆角】，最终图形如图 10 - 3 - 9 所示。

图 10 - 3 - 9

（9）复制原先曲面边缘，根据偏移后的纹理适当调整控制点，截断曲线控制点①，点击【衔接】衔接曲线②，如图 10 - 3 - 10 所示。

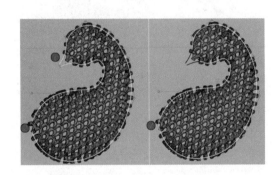

图 10 - 3 - 10

（10）执行【圆管（圆头盖）】制作圆管，并将圆管曲线分割成两段，执行【放样】生成曲面①，如图 10 - 3 - 11 所示。

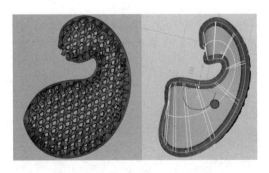

图 10 - 3 - 11

（11）先创建孔雀的嘴①，再在眼睛的位置删掉一部分部件，并执行【曲面上的内插点曲线】在原始曲面上绘制曲线②，并执行【圆管（圆

头盖）】制作圆管③和球体，再绘制圆管④和形体⑤，如图 10 - 3 - 12 所示。

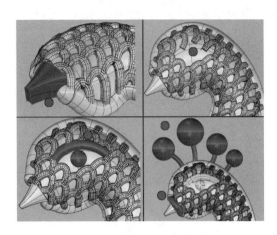

图 10 - 3 - 12

### 10.3.3　孔雀翅膀的创建

（1）在 Top 视图中绘制轮廓曲线，并执行【以平面曲线建立曲面】建立平面，然后再执行【重建曲面】，如图 10 - 3 - 13 所示。打开控制点，并调节形态如图 10 - 3 - 14 所示。

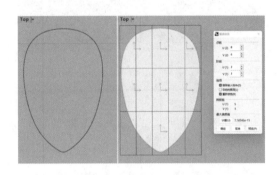

图 10 - 3 - 13

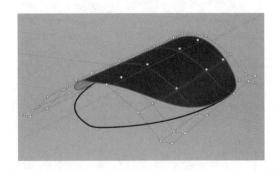

图 10 - 3 - 14

（2）画基础花纹①，然后阵列、旋转成②，再执行【投影曲线】，并修剪多余的部分，最终成型为③，如图 10 - 3 - 15 所示。

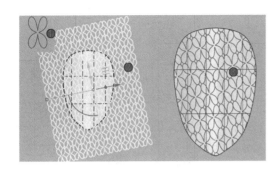

图 10 - 3 - 15

（3）单击 ![icon]【建立 UV 曲线】，先点击①中曲面，再框选①曲线后回车，从而建立 UV 曲线②，选中②中所有曲线并执行 ![icon]【以平面曲线建立曲面】，建立平面曲面③，如图 10 - 3 - 16 所示。

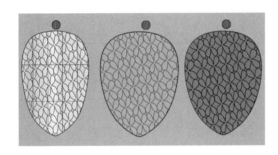

图 10 - 3 - 16

（4）执行 ![icon]【直线挤出】①、![icon]【沿曲面流动】②，获得曲面挤出形体，如图 10 - 3 - 17 所示。

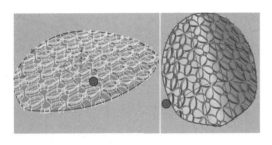

图 10 - 3 - 17

（5）执行 ![icon]【偏移曲面】（在命令提示栏中设置参数：距离、实体、两侧，生成实体），再执行 ![icon]【不等距边缘圆角】，如图 10 - 3 - 18 所示。

（6）依次执行 ![icon]【圆管（圆头盖）】、![icon]【放样】、![icon]【2D 旋转】，将其旋转到合适的位置，如图 10 - 3 - 19 所示。

（7）在 Top 视图中绘制三组曲线，执行 ![icon]【放样】生成平面，再执行 ![icon]【偏移平面】向下偏

移 0.2，且"实体（S）＝是"，生成形体，如图 10 - 3 - 20 所示。

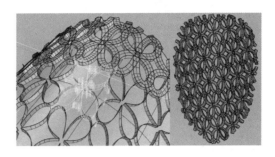

图 10 - 3 - 18

图 10 - 3 - 19

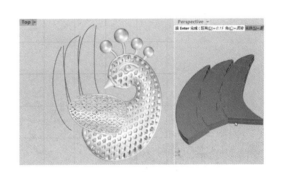

图 10 - 3 - 20

（8）单击 ![icon]【变形控制器编辑】①，选取"受控制物件"然后回车；在命令提示栏中设定"变形（D）＝快速②"，并点击"边框方块（B）③"；在命令提示栏中点击"工作平面（C）④"；在命令提示栏中点击"要编辑的范围"的"整体（G）⑤"，则物件显示出控制点，处于可编辑状态，进而拖动⑥、旋转⑦控制点实现造型。由于三个形体的变形程度不一致，因此需要分开处理，如图 10 - 3 - 21 所示。最终造型如图 10 - 3 - 22 所示。

（9）在 Top 视图画出尾巴的轨道曲线①②和断面曲线③，并执行 ![icon]【双轨扫掠】生成曲面，

如图10-3-23所示。

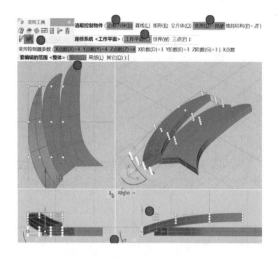

图 10-3-21

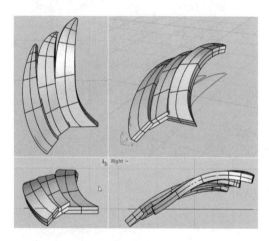

图 10-3-22

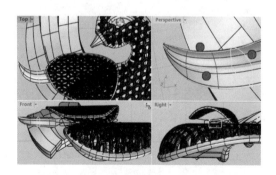

图 10-3-23

（10）重复上述方法，依次绘制剩余尾翼，并旋转调整到合适的位置，如图10-3-24所示。

（11）重复上面两个步骤，完成孔雀尾巴的模型创建，如图10-3-25所示。

（12）在 Top 视图中绘制曲线①②③，并在Front 和 Right 视图中调节，如图10-3-26所示。

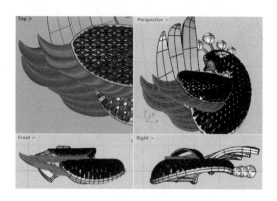

图 10-3-24

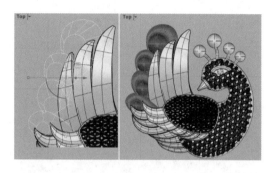

图 10-3-25

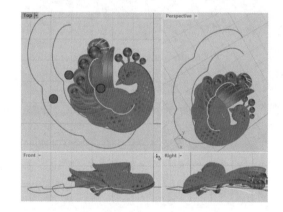

图 10-3-26

（13）先后执行 【放样】生成曲面①，再绘制花纹曲线②，并执行 【投影曲线】将其投影到曲面①上，如图10-3-27所示。

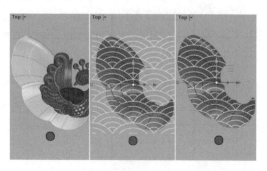

图 10-3-27

（14）将曲面①复制一个保留②；再单击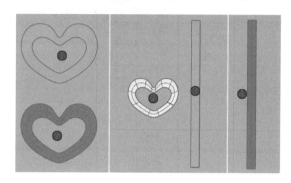【建立 UV 曲线】，建立 UV 曲线，并执行【以平面曲线建立曲面】建立平面曲面③，直线挤出两侧呈曲面④（为了便于观察，这里将曲面④的透视图⑤也呈现出来了）；再点击【沿曲面流动】将挤出曲面④流动到曲面②上（注意点击"靠近角落的边缘"），如图 10 - 3 - 28 所示。

图 10 - 3 - 28

（15）点击【偏移曲面】，选中需要偏移的曲面，在命令提示栏中设置参数：距离、实体、两侧，生成实体①；重复该步骤，完成其他花纹实体生成，再执行【不等距边缘圆角】；再绘制边界圆管②，删掉底层曲面，最终如图 10 - 3 - 29 所示。

图 10 - 3 - 29

（16）将其他部分显示，并执行【镜像】，如图 10 - 3 - 30 所示。

图 10 - 3 - 30

### 10.3.4　其他的装饰图形

（1）在 Top 视图画两个爱心曲线①，【放样】成面②，选中②曲线执行命令【建立 UV 曲线】建立 UV 曲线③，再执行【以平面曲线建立曲面】建立平面④，如图 10 - 3 - 31 所示。

图 10 - 3 - 31

（2）在 Front 视图画一个圆角矩形⑤，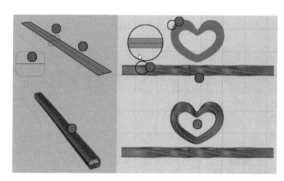【直线挤出】挤出和 UV 曲线等长曲面⑥，执行【扭转】（角度 180 * 2）生成曲面⑦，然后单击【沿曲面流动】选中曲面⑦后回车，再顺次点击基准平面④靠近角落的边缘⑧处，以及目标平面的⑨处，最后生成曲面⑩，如图 10 - 3 - 32 所示。

图 10 - 3 - 32

（3）创建其他小的部件，再执行【复制】和【环形阵列】，如图 10 - 3 - 33 所示。

图 10 - 3 - 33

（4）至此，孔雀吊坠的主体以及较为难的模型都创建完毕，如图 10-3-34 所示。

图 10-3-34

## 10.4　荷花挂件

　　本书常用的命令及使用过程中的操作注意事项，在前述案例中基本已详细讲解。因此本案例在讲解时，会以思路介绍为主，命令的使用过程就一笔带过了（新内容除外）。另外本节的一个操作难点是空间线的调节，即在创建荷叶模型和祥云模型时，都需要花大力气来调节空间线，这考验细心和耐心。

### 本节重难点

1. 【变形控制器编辑】
2. 空间线调节

### 涉及知识点

　　【变形控制器编辑】；【沿着路径旋转】；【从网格建立曲面】；【混接曲面】；【放样】；【双轨扫掠】

### 10.4.1　案例说明及结构分析

　　本案例将采用导入底图的方式进行模型创建，

如图 10-4-1 所示。从整体来看，荷花模型可以分成荷花①、荷叶②和莲子③，而模型的难点则在荷花①、荷叶②，莲子③则相对简单。

图 10-4-1

### 10.4.2　荷花模型创建

　　（1）首先创建整个外轮廓。在 Top 视图中绘制外框的轮廓线①，并挤出模型②，显示出模型的控制点，并将内圈控制点向上拉③，则外框的整体形态为④⑤，如图 10-4-2 所示。

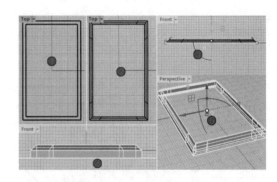

图 10-4-2

　　（2）绘制曲线并执行【圆管】生成形体①，在圆管中间抽两条结构线②，并用两条结构线挤出曲面③，如图 10-4-3 所示。

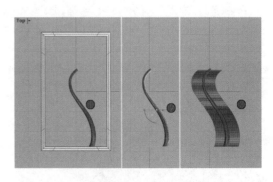

图 10-4-3

　　（3）执行【修剪】剪掉多余的部分，再执

行 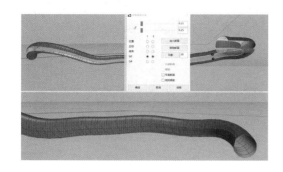【混接曲面】，如图 10 - 4 - 4 所示。

图 10 - 4 - 4

（4）在 Top 视图中绘制对称图形①，在 Front 视图中绘制断面曲线②，然后执行 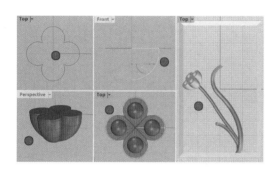【沿着路径旋转】③，再绘制球体并阵列④，再执行布林运算后，将其旋转到合适的位置⑤，如图 10 - 4 - 5 所示。

图 10 - 4 - 5

（5）接下来绘制荷花的花瓣。在 Top 视图中绘制轨道曲线①、镜像②，在 Right 视图中绘制圆③（作为断面曲线）并重建，调整控制点生成断面曲线④，如图 10 - 4 - 6 所示。

图 10 - 4 - 6

（6）执行 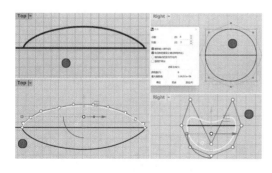【双轨扫掠】生成曲面，再单击 【变形控制器编辑】①，选取"受控制物件"然后回车；在命令提示栏中设定"变形（D）＝快

速②"，并点击"边框方块（B）③"；在命令提示栏中点击"工作平面（C）④"；在新出现的命令提示栏中将"变形控制器参数"X、Y、Z 都从 4 变为 6，参数修改完后回车；在命令提示栏中点击"要编辑的范围"的"整体（G）⑥"，则物件显示出控制点，处于可编辑状态，如图 10 - 4 - 7 所示。

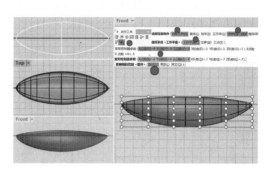

图 10 - 4 - 7

（7）在 Front 视图框选第 5 列点全选，上移，如图 10 - 4 - 8 所示。

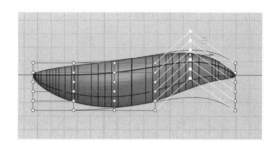

图 10 - 4 - 8

（8）在 Front 视图中，选中第 6 列控制点，运用"操作轴"先顺时针旋转①，再向下移动②，如图 10 - 4 - 9 所示。

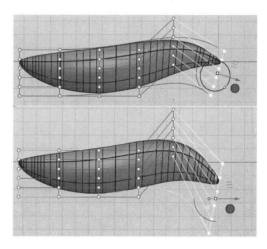

图 10 - 4 - 9

（9）在 Front 视图中选第 2、3 列控制点，运用"操作轴"向中间收缩（即拉绿色方块），如图 10-4-10 所示。

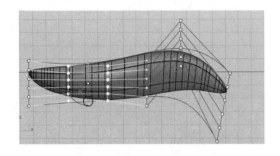

图 10-4-10

（10）在 Front 视图中框选第 1 列控制点，并向上移动，如图 10-4-11 所示。

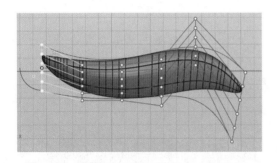

图 10-4-11

（11）重复步骤九，在 Front 视图中框选第 1、2、3 列控制点，运用"操作轴"向中间收缩，如图 10-4-12 所示。

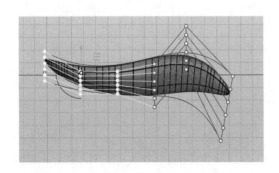

图 10-4-12

（12）在 Top 视图中框选第 3、4 列控制点，向下竖直移动①；框选第 2 列控制点向上移动②；再框选第 1 列控制点，运用"操作轴"向中间收缩③；框选第 6 列点向下移动④，如图 10-4-13 所示。

（13）在 Front 视图中框选第 6 列控制点，并在 Right 视图中运用"操作轴"顺时针旋转①；在 Front 视图中框选第 5 列点全选，在 Right 视图中

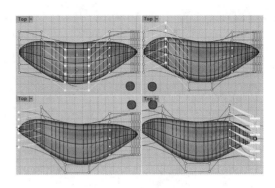

图 10-4-13

运用"操作轴"逆时针旋转②，如图 10-4-14 所示。

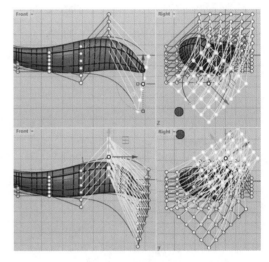

图 10-4-14

（14）在 Front 视图中选择第 4 列控制点，在 Right 视图中运用"操作轴"顺时针旋转①；在 Front 视图中选择第 1 列控制点，在 Right 视图中向右稍微拖动，如图 10-4-15 所示。

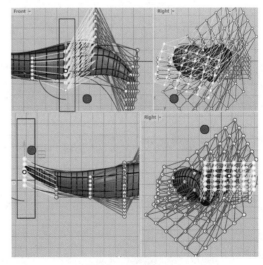

图 10-4-15

（15）在 Top 视图中，按花瓣扭动方向，运用"操作轴"将每一列控制点顺时针（或逆时针）旋转，使其与花瓣扭动的方向大致垂直，如图 10 - 4 - 16所示。

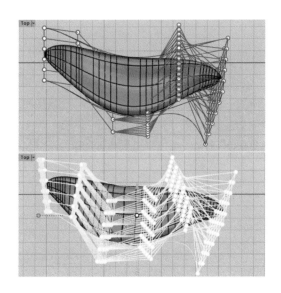

图 10 - 4 - 16

（16）重复上一步，在 Front 视图中运用"操作轴"调整每一列控制点，如图 10 - 4 - 17 所示。

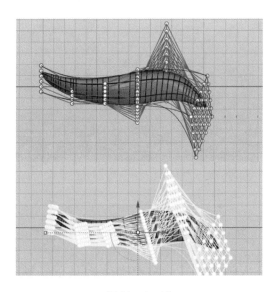

图 10 - 4 - 17

（17）在 Right 视图中，执行 【2D 旋转】将模型顺时针旋转，如图 10 - 4 - 18 所示。

（18）在 Top 视图中，执行 【2D 旋转】将模型顺时针旋转，如图 10 - 4 - 19 所示。

（19）再用相同的方法创建其余的花瓣②，则整个荷花模型如图 10 - 4 - 20 所示。

提示：如果在操作过程中不小心将选中的控制点取消，则需要选中整体控制轮廓①，再点击 【显示物件控制点】命令，使控制点重现，如图 10 - 4 - 21 所示。

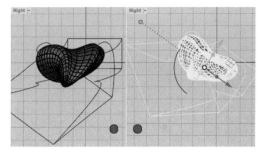

图 10 - 4 - 18

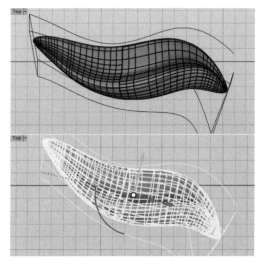

图 10 - 4 - 19

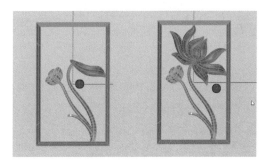

图 10 - 4 - 20

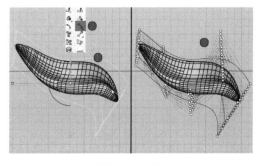

图 10 - 4 - 21

（20）接下来进行荷叶模型的创建。在 Top 视图中绘制两个方向共 6 条网格曲线，并在 Front 视图和 Right 视图中调节曲线的形态，如图 10 - 4 - 22所示。

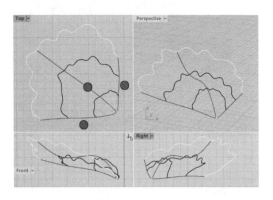

图 10 - 4 - 22

（21）执行 ▨【从网格建立曲面】生成曲面①，再复制一个并向下移动，后执行 ▨【混接曲面】和 ▨【放样】，最终生成荷叶曲面如图 10 - 4 - 23所示。

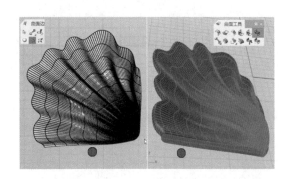

图 10 - 4 - 23

（22）在 Top 视图中绘制两个方向的网格曲线，并在 Front 视图和 Right 视图中调节曲线的形态，如图 10 - 4 - 24所示。

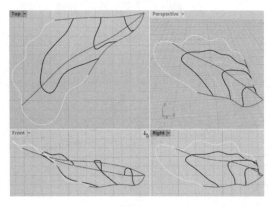

图 10 - 4 - 24

（23）执行 ▨【从网格建立曲面】生成曲面①，再复制一个并向下移动，后执行 ▨【混接曲面】和 ▨【放样】，最终生成荷叶曲面如图 10 - 4 - 25所示。

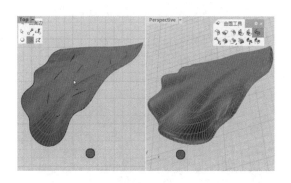

图 10 - 4 - 25

（24）在 Top 视图中绘制两个方向的网格曲线，并在 Front 视图和 Right 视图中调节曲线的形态，如图 10 - 4 - 26 所示。

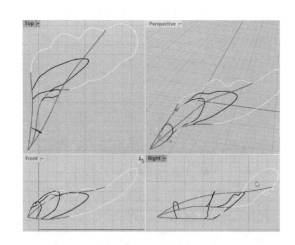

图 10 - 4 - 26

（25）执行 ▨【从网格建立曲面】生成曲面①，再复制一个并向下移动，后执行 ▨【混接曲面】和 ▨【放样】，如图 10 - 4 - 27 所示。

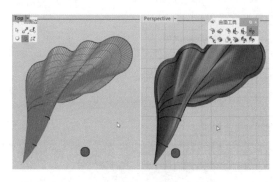

图 10 - 4 - 27

（26）整片荷叶就是由这三部分组成，至此荷叶的完整形体创建完毕，如图 10 - 4 - 28 所示。

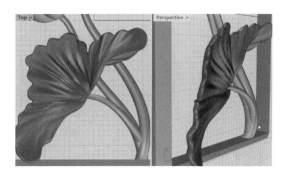

图 10 - 4 - 28

（27）接下来绘制祥云模型。在 Top 视图中绘制曲线，并在 Front 视图和 Right 视图中调节，注意曲线的转折和交错。为了便于呈现各线关系，此处在透视图中加入了曲面，如图 10 - 4 - 29 所示。

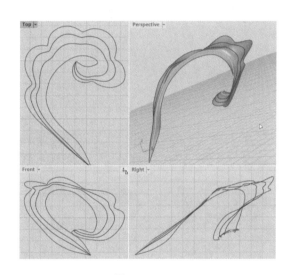

图 10 - 4 - 29

（28）操作同上，这里专门画了辅助曲线①来呈现几条放样曲线的关系，如图 10 - 4 - 30 所示。

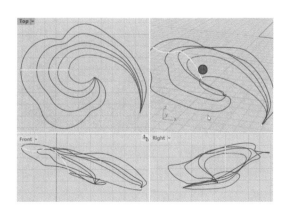

图 10 - 4 - 30

（29）先后执行 【放样】、 【混接曲面】等命令，生成完整祥云模型，如图 10 - 4 - 31 所示。

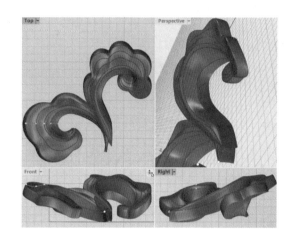

图 10 - 4 - 31

（30）至此，荷花挂件模型创建完毕，完整模型如图 10 - 4 - 32 所示。

图 10 - 4 - 32

## 10.5　鱼形吊坠

本案例在讲解时以鱼形吊坠模型创建思路介绍为主，命令的使用过程一笔带过（新内容除外）。

**本节重难点**

1. 【变形控制器编辑】
2. 空间线绘制
3. 操作轴的运用

## 涉及知识点

[::] 【内插点曲线】；[◢] 【偏移曲面】；[◩] 【物件交集】；[◿] 【从网格建立曲面】；[◢] 【双轨扫掠】；[◣] 【混接曲面】；[◤] 【放样】；[◤] 【圆管（平头盖）】；[◳] 【环形阵列】

### 10.5.1 案例说明及结构分析

本案例模型创建思路比较简单，但是操作起来比较复杂，需要认真体会、细致操作。从整体来看，模型大致可以分成四个部分：部件一是主体鱼模型创建，其重难点在于鱼的空间轮廓线绘制；部件二是花纹创建，这部分比较简单，采用[◢] 【双轨扫掠】就可以实现；部件三是枝叶创建；部件四是浪花模型创建。部件三、四比较复杂，涉及整体的形变和模型空间塑型。

图 10 - 5 - 1

### 10.5.2 部件一：主体鱼模型创建

（1）在 Top 视图画鱼的两条外轮廓线①②，并在其他两平面视图中调整，注意两条平面曲线的穿插走势，两条曲线在③处空间相交（看该处的辅助绿线）。再在 Front 视图中绘制 5 条断面曲线，并在 Top 视图中旋转到合适的位置，如图 10 - 5 - 2所示。

（2）执行[◢] 【双轨扫掠】生成鱼的大致模型，再在 Top 视图中绘制剪切曲线，并剪掉鱼模型中多余部分，如图 10 - 5 - 3 所示。

（3）在 Front 视图中执行[◳] 【单轴缩放】缩放部件①②（①是在竖直方向中间收缩，②是在

竖直方向放大。注意：缩放的第一参考点要选在每个部件的中点），如图 10 - 5 - 4 所示。

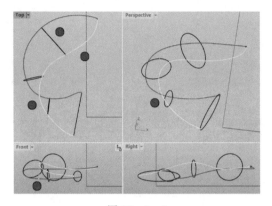

图 10 - 5 - 2

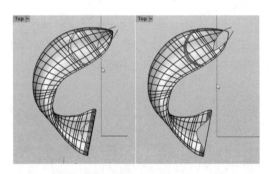

图 10 - 5 - 3

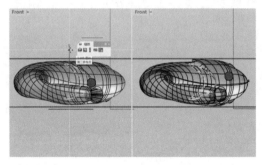

图 10 - 5 - 4

（4）补充完整相关面，完成鱼的整体形态创建，如图 10 - 5 - 5 所示。接下来就是鱼的细节创建。

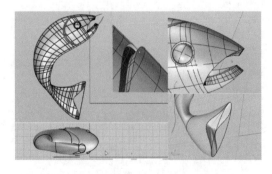

图 10 - 5 - 5

（5）在 Top 视图中绘制鱼背鳍的轮廓线，并

在其他两个视图中进行调节，如图 10 - 5 - 6 所示。

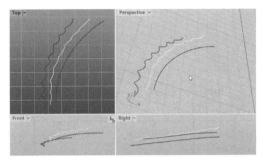

图 10 - 5 - 6

（6）执行 [ ]【放样】、[ ]【偏移曲面】生成鱼的背鳍，如图 10 - 5 - 7 所示。

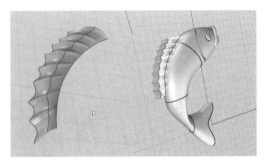

图 10 - 5 - 7

（7）在 Top 视图和 Front 视图中相关平面线，生成如图 10 - 5 - 8 所示图形。

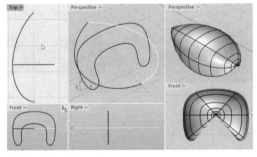

图 10 - 5 - 8

（8）在 Right 视图中绘制如图所示轨道曲线，并执行 [ ]【双轨扫掠】生成曲面①，再执行 [ ]【环形阵列】生成如图 10 - 5 - 9 所示形体。

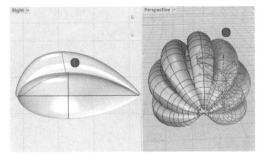

图 10 - 5 - 9

（9）将上述形体复制、选装、缩放，并绘制鱼的鳞片，整体形态如图 10 - 5 - 10 所示。

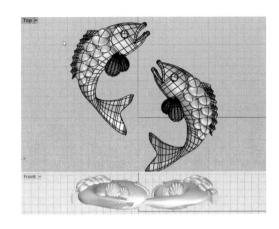

图 10 - 5 - 10

### 10.5.3　部件二：花纹创建

（1）在绘制部件二前，我们先绘制一些装饰部件，即绘制圆和波浪曲线，并执行 [ ]【环状体】、[ ]【圆管（平头盖）】实现图像的创建，如图 10 - 5 - 11 所示。

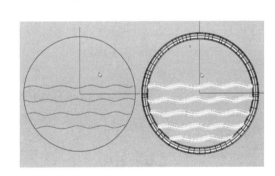

图 10 - 5 - 11

（2）绘制断面曲线，执行 [ ]【双轨扫掠】生成形体如图 10 - 5 - 12 所示（这部分的断面曲线为圆形，因此原始模型创建比较简单，但随后的整体调整则要注意）。

图 10 - 5 - 12

（3）执行【变形控制器编辑】，依次从步骤①到⑥，通过操作轴调节物件的粗细和起伏等细节，如图 10-5-13 所示。重复上述步骤，将部件二的其他部分也创建完毕，如图 10-5-14 所示。

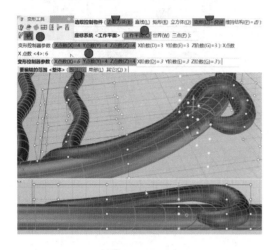

图 10-5-13

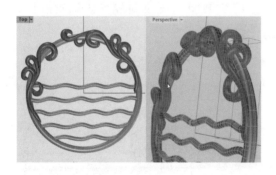

图 10-5-14

### 10.5.4 部件三：枝叶创建

（1）枝叶模型分析：该部分有 7 个枝叶，其操作方式都大同小异，这里选比较典型的一片枝叶进行操作讲解。具体操作为在三个视图中绘制如图 10-5-15 所示曲线。

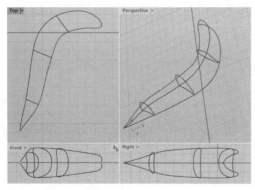

图 10-5-15

（2）单击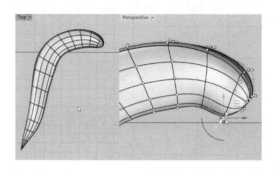【双轨扫掠】生成模型，再点击【显示物件控制点】，显示模型的所有控制点，选中要调节的点进行模型细节调整，如图10-5-16所示。

图 10-5-16

（3）执行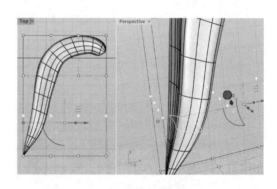【变形控制器编辑】，选择需要进行操作的控制点，结合操作轴进行缩放、旋转、移动等操作，使模型达到预期设想，如图 10-5-17 所示。

图 10-5-17

（4）在各个平面视图中执行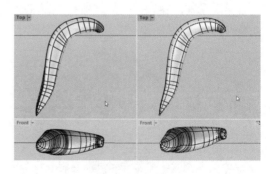【2D 旋转】和【移动】，将其调整到合适的位置和方向，如图 10-5-18 所示（后面其他相似部件皆可以采用相同方法创建）。

图 10-5-18

（5）至此，一个枝叶创建完毕（红框中），再以相同的操作绘制其他枝叶（白色部分），如图 10-5-19所示。

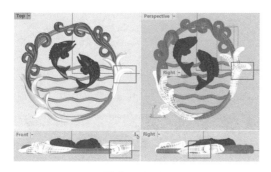

图 10-5-19

### 10.5.5 部件四：浪花模型创建

（1）该部分的创建也比较复杂，但是每朵浪花的操作方式都一样，因此只讲一朵浪花模型的创建。可以先将其在平面上塑造完毕（两条轨道是平面曲线），再进行空间调整，即在 Top 视图中绘制网格曲线，并在其他视图中进行调节，如图 10-5-20 所示。

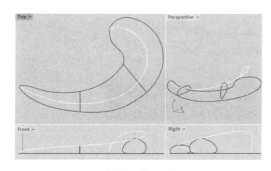

图 10-5-20

（2）先执行【从网格建立曲面】生成曲面（如图 10-5-21 左图），再执行【显示物件控制点】，保留需要操作的控制点，将不需要操作的控制点隐藏，如图 10-5-21 右图所示。然后通过调节控制点将模型在平面上调节，完成其在平面上的塑造（即底边不变）。

（3）在上一步通过控制点将模型自身的形体在平面上塑造完毕后，执行【变形控制器编辑】，依次进行①至⑥，对浪花造型整体进行空间调节，最终调节效果如图 10-5-22 所示。

该部分操作要注意"要编辑的范围"的"整体（G）⑥"，如果只需要对某个局部进行编辑，则要选择"局部"。

（4）以相同的操作进行其他浪花模型的创建

与编辑，全部创建的完整图如图 10-5-23 所示。

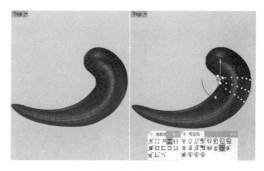

图 10-5-21

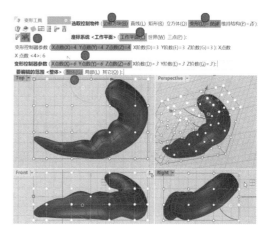

图 10-5-22

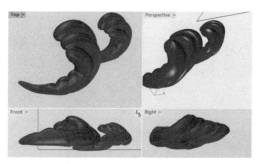

图 10-5-23

（5）至此，鱼型吊坠模型完全创建完毕，整体形态如图 10-5-24 所示。

图 10-5-24

# 11

## 第 11 章　Keyshot 渲染

本章将学习 Keyshot 渲染器的使用。作为一款在企业大量使用的即时渲染软件，Keyshot 能让使用者在调节参数的同时，直观看到渲染效果，从而提高渲染效率。

**本章重难点**

1. 材质的调节
2. 场景的创建
3. 环境贴图的选择

## 11.1　Keyshot 渲染器

Keyshot 是 LuxRender 开发的，具有互动性的光线追踪与全域光渲染，且完全独立于 CPU 渲染引擎的三维数据渲染软件，操作简单，不用复杂的设定即可产生相片般真实的 3D 渲染影像。

Keyshot 与 HyperShot 源于同样的核心技术，具有实时渲染等多项优势，为设计师、工程师、CG 专业人员所钟爱。

实时渲染，Keyshot 带来更好的演示效果。Keyshot 在渲染时是一个动态的过程，可以实时观察渲染效果。在渲染过程中，可以用鼠标旋转或移动渲染的模型，而不像别的渲染插件，需要将

模型静止到某一个角度进行渲染。

兼容性好。Keyshot 具有很强大的兼容性，兼容多款三维软件，如 SolidWorks、ProE、Rhino、Cinema 4D、Autodesk Inventor 等，可以将这些文件直接导进 Keyshot 中进行渲染。

## 11.2　果汁机渲染

### 11.2.1　渲染前期 Rhino 模型处理

在模型渲染前，首先要将模型同一种材质、同一种颜色的部件，放在同一个图层中，这样方便后续的材质处理。

果汁机设计成了 6 种不同的颜色和材质，这里就将这些部件分成 6 个不同的族群，放在不同的图层中，如图 11 - 2 - 1 所示。

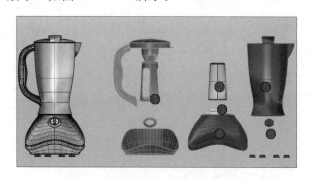

图 11 - 2 - 1

### 11.2.2　模型位置和视图调节

#### 1. 模型导入

单击"导入"按钮，在弹出的对话框中选择需要渲染的模型，双击后将模型导入。模型导入后的状态（呈现的角度）和它在 Rhino 中的透视图的状态是一致的，如图 11-2-2 所示。

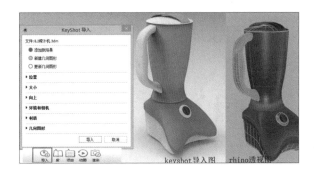

图 11-2-2

#### 2. 模型视角的调节

（1）用鼠标快捷键来调节。按住鼠标左键拖动：旋转模型。按住鼠标中建拖动：移动模型与相机的位置。按住 CTRL＋左键拖动：移动 HDR 贴图。

（2）通过相机来调节。右键单击任意模型①，在弹出选项中选择"编辑材料"，则"材质编辑栏"出现在屏幕的右边③，如图 11-2-3 所示。

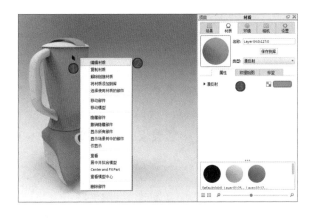

图 11-2-3

选择"相机选项"并调节，通过调节"距离""方位角""倾角""扭曲角度"来调节模型在试图中的位置和大小，如图 11-2-4 所示。

### 11.2.3　材质的理解和调节

在 Keyshot 中，由于软件自带的材质很丰富，

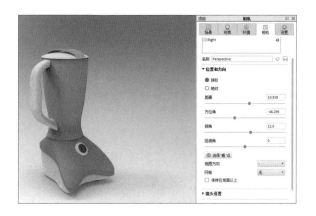

图 11-2-4

几乎包括了生活中所有的常见材质，很多材质可以直接调来使用，不需要调节，或者说调节的选项很少，其贴附也比较简单。这里以塑料为例简要讲解材质的贴附和调节。

在材质库中选中需要的材质，左键单击并拖动到相应的模型部件上，完成材质的贴附。重复这个步骤完成其余六种材质的贴附，如图 11-2-5 所示。

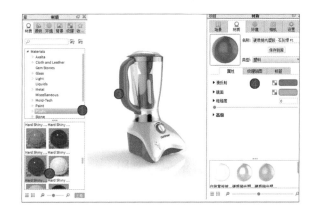

图 11-2-5

#### ■ 操作演示

[1] 打开材质栏，点击 Plastic（塑料）如①。

[2] 在塑料材质栏中，下拉材质卷栏，选择近似材质（硬质抛光塑料）如②。

[3] 将选中的材质球②拖到需要附贴的模型上③，就将材质成功贴附在模型上。

[4] 右键单击需要编辑材质的部件，选择"编辑材质"选项，调出材质编辑器④。

[5] 调节材质参数，进行材质编辑。

材质编辑选项，是进行材质调节和编辑的主要选项。通过材质编辑选项的调节，几乎可以调

出生活中的任意材质，主要是对材质的色彩、反射、透明等基本属性进行调节。

漫反射：可以理解为物体表面覆盖的颜色。

镜面：即镜面反射，也叫"高光"，是光滑物体表面所呈现的闪亮效果，当镜面颜色设置为黑色时，表示物体不产生高光；设置为白色时，将产生 100％反射。

粗糙度：物体表面的粗糙程度，影响外观的高光（光反射）。高粗糙值（大于 0.5）产生一个有大范围高光的粗糙表面；而低粗糙值则创建一个有小范围高光的相对光滑的表面。

菲涅尔：勾选 Fresnel 选项，物体将出现更多没有直接面对照相机的反光区域。为了看到 Fresnel 项的效果，高光反射的颜色不能设为黑色。

### 11.2.4 标签贴附

贴附标签很简单，但是往往初学者很难将这个标签贴好，特别是它位置的处理和方位的调节，这里以果汁机上的鲜花标签为例。

■ 操作演示

［1］右键单击鲜花所在的部件①，在弹出选项中选择"编辑材料"②，在面板右边出现"项目"包括场景、材质、环境、相机、设置等选项，如图 11－2－6 所示。

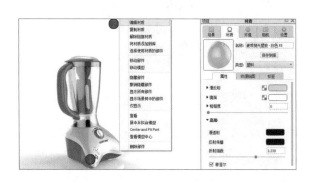

图 11-2-6

［2］单击相机①→选择看点②→前③，将模型置于一个方便观察的角度，如图 11-2-7 所示。

［3］选择材质①→标签②→双击③，在弹出的对话框中选择所要贴附的标签，如图 11-2-8 所示。

［4］在导入标签后，软件默认"缩放比例＝1"②，再观察模型①，发现整个标签很模糊，说明整个标签图片缩放过大，这时可以先行调解"缩

放比例"，如图 11-2-9 所示。

图 11-2-7

图 11-2-8

图 11-2-9

［5］将缩放比例从"1"调整为"0.005"，发现标签清晰地出现在模型表面，如图 11-2-10 所示。

图 11-2-10

［6］标签位置的移动：单击"位置"按钮①，用鼠标单击需要放置标签的地方②，完成位置移动后再单击"位置"按钮①，将其关闭，如图 11-2-11 所示。

图 11-2-11

［7］如果要给同一部件添加多个标签，只需点击"标签"下面的"＋"①，如图 11-2-12 所示。

图 11-2-12

### 11.2.5　环境设置

环境设置主要包括三种：HDR 设置、背景设置和地面设置。

1. HDR 设置

HDR 图在整个渲染场景中相当于灯光和环境的作用，其调节属性中的亮度、大小等都对整个环境中灯光的强弱有很大影响，如图 11-2-13 所示。

■ 操作演示

［1］单击环境栏，如图 11-2-13①；

［2］下拉环境栏，选择不同类型的环境贴图（HDR），如图 11-2-13②；

［3］左键双击选中的贴图，完成贴图选择，如图 11-2-13③；

［4］单击右边"环境"栏，并对 HDR 图的对

比度、亮度、大小、旋转等属性进行调节。

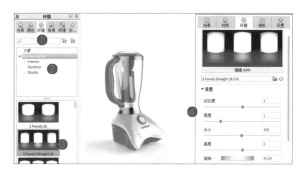

图 11-2-13

2. 背景设置

背景设置中一共有三种模式：环境照明、颜色和背景图像，如图 11-2-14 所示。

环境照明：以选中的 HDR 贴图作为背景。

颜色：自己调节一种颜色作为背景。

背景图像：重新调入一张 JPG 图片作为背景。

图 11-2-14

3. 地面设置

地面设置比较简单，一般做产品渲染的时候，都会勾选"地面阴影"和"地面反射"。

### 11.2.6　渲染设置

渲染设置中，主要的调节项目就是如下几项。这几个选项对最终的图片质量有重大的影响，如图 11-2-15 所示。

1. 伽马值和亮度

伽马值和亮度用来调节整个环境中的亮度和对比度。

2. 射线反弹

射线反弹指的是在场景中光线反射和折射的次数。反射次数越多，计算时间越长，物体越真实。如图 11-2-16 所示，反射次数为"2"和"6"的两个设置，其效果就差异很大。

图 11-2-15

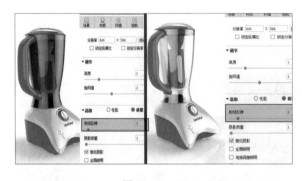

图 11-2-16

**3. 阴影质量**

阴影质量控制阴影的细致程度。高质量的阴影设置会增加计算时间。可以在"背景"的"地面设置"中减少地面大小，以缩短计算时间而不影响阴影质量。

**4. 细化阴影**

对窗口中的所有阴影进行细化，这会消耗一部分时间，所以在设置场景阶段，可关闭该选项以提高操作性能。

自此整个渲染的设置调节完毕，剩下就是进行渲染出图了。

### 11.2.7 文件贴图和标签等保存

在所有的设置完成后，需要对整个模型的材质、环境等要素进行保存，包括贴图和标签。只需点击开始，保存文件包①，后生成②的文件。

要打开该文件时，只需双击文件②，在弹出的对话框中选择"复制文件"或者"将文件保存到一个文件夹"就可以打开原始渲染文件，如图

11-2-17 所示。

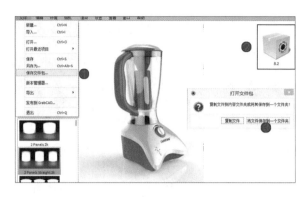

图 11-2-17

## 11.3 首饰渲染

首饰渲染讲解，我们选择前面建模的花鸟戒。这个戒指的造型简单，所用到的材质都是首饰常用的贵金属材质，这有利于初学渲染者尽快上手。

（1）前期处理：在 Rhino 中将同一种材质同一种色彩的物件放在同一个图层。花鸟戒主要涉及 4 种材质和颜色，因此，这里将这些部件分成 6 个不同的族群，放在不同的图层中，如图 11-3-1 所示。

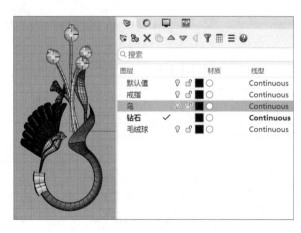

图 11-3-1

（2）环境设置：点击左侧库项目栏内的"环境"，在下列列表中选择一个合适的 HDR 图，并将其拖进图的空白处（如果没有左边的项目框，点击中下方的"库"显示），如图 11-3-2 所示。

（3）材质赋予和调节：双击想要赋予材质的物件①，右侧出现材质框；点击塑料（系统默认的都是塑料材质）旁的小箭头②，选择金属③，

至此，将该部件的赋予完毕，如图 11 - 3 - 3 所示。

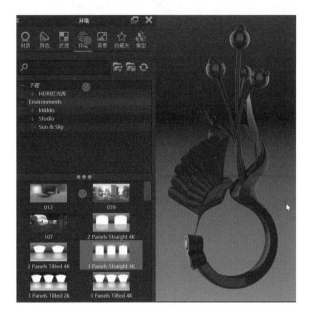

图 11 - 3 - 2

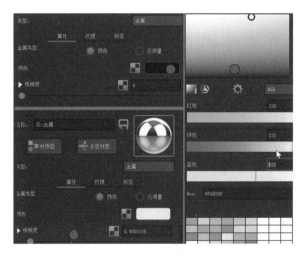

图 11 - 3 - 3

（4）接下来就是进行金属属性调节。点击颜色①，调节其颜色的具体数字为②，再调节其粗糙度（有的版本叫光泽度）③，如图 11 - 3 - 4 所示。

（5）此时可以看出鸟有些部分比较暗（图 11 - 3 - 5），所以到右侧的项目栏里点击环境，然后点击小球，小球蓝色时便可拖动该灯光，调整到合适位置，如图 11 - 3 - 6 所示。

（6）依照前面步骤赋予其他材质，丝绒材质调节如图 11 - 3 - 7 所示。

（7）主体铂金材质调节，先选中材质属性（金属）①；再进行材质色彩调节②；最后进行光

泽度（粗糙度）调节③，如图 11 - 3 - 8 所示。

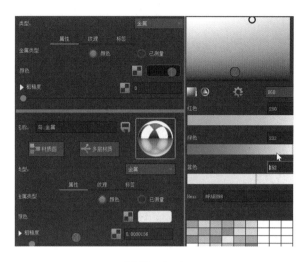

图 11 - 3 - 4

图 11 - 3 - 5

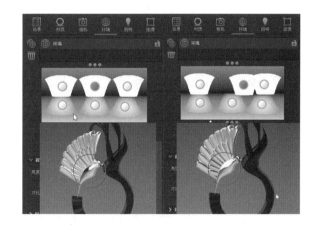

图 11 - 3 - 6

（8）宝石材质调节，如图 11 - 3 - 9 所示。

（9）在前面的材质都调整完毕后，需要对整体环境和背景进行微调，即点击右侧项目栏的环境，对背景 HDRI 进行编辑①②③④。为了后期图像的处理，经常需要将背景处理得更加单一，因此

这里将背景面用单一色彩代替⑤，如图 11 - 3 - 10
所示。

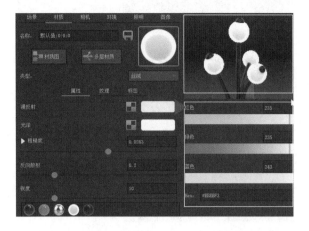

图 11 - 3 - 7

图 11 - 3 - 8

图 11 - 3 - 9

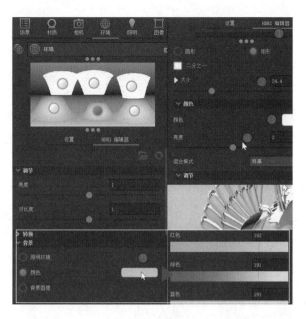

图 11 - 3 - 10

（10）渲染完成后，将所有的调节保存打包，
如图 11 - 3 - 11 所示。

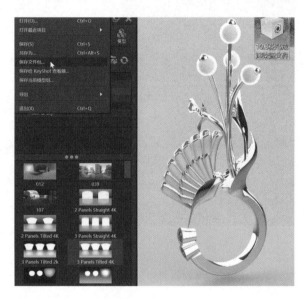

图 11 - 3 - 11

# 后　记

　　本书是在《产品设计——犀牛造型之美》的基础上修订而成。原书主要是针对工业产品，新书则加入首饰综合案例，分为基础、简单和复杂三个层次。这些首饰案例多以不规则造型为主，从而弥补了原书过于偏重工业产品的规则造型，而忽略不规则模型创建的缺陷。这更有利于学生模型创建能力的提升和自我设计思维的表达。

　　我当初上大学刚接触 Rhino，由于市面上的资料极其有限，学习过程相当艰难。毕业后进企业继续使用 Rhino，才发现以前学习这些知识都没有抓住重点，总认为把一个软件的各个功能都了解就算学会，甚至认为了解一些生僻的功能就是学习的深入，并以此作为自己沾沾自喜的资本。

　　然而在设计中，软件操作是表现手段和方法，我们一定是用最简单有效的方法进行完美的创意表现。其实，在进行建模操作中，软件 90％的命令是不需要学习的，真正需要深钻的命令不到 10％，学习的重点就是怎样"灵活"运用这 10％的命令进行设计表达。

　　这种学习思路在我后来的教学实践中取得不错的成绩，学生接受速度大大提升。这也是我编写本书的最初动力。书中还融入了我学习 Rhino 的心得与在企业工作的经验。

　　在编写本书的过程中，除了邵阳学院胡玉平老师、重庆师范大学李鹏老师、梧州学院颜克春与负禄老师、合肥经济技术职业学院张文韬老师的倾情付出外，我还得到了许多同事的诚恳建议、编辑们的细致校订，以及梁宗孟、吴仙洁、刘洋、徐赟珂、罗文博、白海成、张彤的模型支持，在这里一并谢过。

张贤富

2024 年 7 月 5 日